從策略到執行

逄增鋼，湯晶淇 著

構建並執行贏家企業的藍圖

公司結構、績效指標、企業文化，VUCA 時代的進化趨勢

從策略到執行是個什麼樣的過程？
不同的企業處於不同階段，應該採取什麼樣的策略和執行流程？

策略管理趨勢的演變 × 策略制定實施與評估 × 企業生態管理及平衡
從策略的優劣辨析到定位與能力平衡，
勾勒出一個全面的策略管理流程！

目錄

第五章　環境洞察與分析

第六章　管理業務組合與生態

第七章　商業設計與創新

第八章　企業願景與目標

第九章　執行設計基本原理

第十章　績效指標與關鍵任務

第十一章　企業結構與營運設計

第十二章　關鍵能力與關鍵人才

第十三章　文化與非正式企業

參考文獻

目錄

專家推薦

欣聞逄老師的《從策略到執行》一書即將出版，這是一本很實用的從策略到執行的工具書，有大量的實踐案例，相信所有的企業經營者都會從中受益。

—— 孫堅（如家酒店集團董事長兼CEO）

企業從小到大，需要關注商業模式與策略一致性，策略與執行的一致性以及企業文化與人才一致性等，而企業到了一定階段，一致性又成了轉型發展的桎梏需要打破，百年企業的發展就是這樣循環往復的過程。逄增鋼老師是少有的持續關注企業一致性的人。他的這本書，可以幫助我們在VUCA時代快速解決策略執行的一致性問題。平衡公司治理與保護企業家精神一致性問題，還要深入解決問題的領導力和執行策略任務的戰鬥力以及各級幹部承擔相應責任的執行力之間的一致性，此書包含的一致性原則亦可作為建立現代企業制度中的重要考量。

—— 周忠科（中共國家能源集團黨校常務副校長）

講策略的書很多，往往讓人讀完感覺受益匪淺卻不知如何執行，這本書將策略與執行落地緊密地連繫起來，幫助企業找到推動變革的方法和流程，是策略類書籍中的精品，適合企業中各個層級的管理人員閱讀。

—— 單增亮（悉地國際建築設計公司集團董事長）

逄老師與紅日藥業在策略、企業和人才盤點領域合作多年，給我們提供了很多幫助。很高興看到本書的出版，這本書描述策略的底層理念，不同業務形態下的策略管理流程，策略執行規劃的方法和步驟，既有理論高度又有實踐案例，非常實用，期望更多的管理者從中獲益。

—— 陳瑞強（紅日藥業集團公司副總裁）

超凡智慧財產權服務股份有限公司是中國領先的一站式智慧財產權解決方案專業提供商。逄老師是與超凡常年合作的策略與企業方面的專家，給我們提供全方面的諮詢支持。非常高興看到本書的出版。它幫助管理者全面地建立從策略到執行的框架，讓管理者可以按圖索驥地開展企業的策略落地工作。這本書不僅給出了很多方法，還破解了很多策略管理的疑惑，是一本十分適合企業管理者閱讀的好書。

—— 母洪（超凡智慧財產權服務股份有限公司董事長）

本書可以作為創業者的工具書使用。它系統地展示了從策略選擇到執行設計的每個環節，可以幫助創業者快速地理解企業營運的每個環節，並選擇正確的方法指導自己的經營行為。

—— 余佳（UniCareer創始人、CEO）

如果只能選擇一本關於策略的書閱讀，我覺得這本書可以是一個很好的選擇。因為它梳理了世界範圍內幾乎所有有價值的策略管理大師的觀點以及重要的工具，並給出了使用方法和建議，是一本全面的策略執行工具書。

—— 崔建中（顧問式銷售的實戰派資深專家）

從策略制定到執行落地，達到最終的績效結果是一個漫長的鏈條。鏈條的每一個環節都至關重要。逄增鋼在這本書中深入淺出地闡述了策略從制定到執行的每一個環節的要點，又都輔以簡單實用的落地工具，非常適合企業管理者閱讀和使用。

—— 田俊國（用友軟體股份有限公司前副總裁，用友大學校長）

逄增鋼老師在策略與企業領域研究多年，有非常深厚的理論功底和完整的思維邏輯體系，結合大量的實踐經驗，經過長期的累積，終於出版了這本著作。該書從實戰出發，給出大量工具方法，非常實用，相信對企業管理者和諮詢從業者一定會有極大幫助。

—— 夏凱（銷售羅盤創始人、大客戶銷售實戰專家）

管理者的核心責任就是思考到底什麼樣的策略管理流程和績效管理模式，才能讓企業可以和難以預測的環境系統從容共舞。策略不僅僅是要提出願景和目標，更重要的是將策略與企業員工的日常行為有機地連線起來。企業的策略管理不僅是如何選擇制定一個好的方向，更重要的是企業需要鍛造出可以及時調整策略與執行的能力。這本書對這些挑戰給出了很好的方法與工具。

—— 莫皓（績效改進專家）

自序

為什麼寫這本書？

2020年初突如其來的一場疫情，讓我的工作按下了暫停鍵，我終於有時間將我的總結和思考寫下來。這本書系統梳理了世界範圍內主要的策略大師關於企業策略的各方面觀點和工具，並提出了每個工具的應用場景。

我們經常被這樣一些問題所困擾：

從策略到執行是個什麼樣的過程？不同的企業處於不同階段，應該採取什麼樣的策略和執行流程？

眾多策略設計與執行設計工具應該如何選擇和應用？

VUCA（即易變volatile、不確定uncertain、複雜complex、模糊ambiguous）時代究竟還是否需要制定策略？實踐究竟是可以被預測和計劃的，還是只能在實踐中形成？

策略設計中定位重要還是能力重要？二者如何平衡？

諸如此類的種種問題，都將在此書中得以解答。

這本書寫了什麼？

本書是企業中高層管理者、策略領域管理者以及第三方諮詢顧問的貼身工具書。本書詳細地梳理了策略的主要框架、主要的策略管理思想、從策略制定到策略執行的主要流程和工具，並論述了各種策略與執行工具的底層原理和設計思想、應用場景，不同工具的邏輯關係，每個工具的使用要點。本書的主要內容圍繞以下四個方面展開。

第一個方面，關於策略的認知和基本思想。關於策略的基本思想的介紹圍繞著三個方面的主題內容展開：一是能力重要還是定位重要的理論爭議；一是關於策略的計畫與手藝化的理論爭議；還有一個是圍繞著策略的內部政治、文化特徵展開的。本書基於策略應用的實踐，對每一種觀點的應用情景和優劣勢進行了分析與討論，試圖幫助讀者建立完整的策略觀，呈現策略概念的全網領域性風貌。

第二個方面，關於策略與執行的流程選擇。本書基於企業可控性和行業可預測性兩個維度，定義了四種策略制定與執行流程，分別是經典參與式、經典自主式、實踐參與式和實踐自主式策略與執行流程。不同的策略原型其策略制定流程存在差異，主導式強調以我為主制定策略，強調如何實現企業的策略意圖，強調核心部分力建設；參與式強調對環境的適應性，強調迎合環境去制定策略。不同的策略原型其執行流程也有區別，經典型強調輸出控制，實踐型強調行動控制。企業可以在指標控制、行動控制和專案管理等執行管理模式中匹配適合企業的執行流程。企業也可以基於以上四種經典流程，組合新的策略制定與執行流程。

第三個方面，關於策略制定的流程、工具與方法論。本書以經典參與式策略為原型，詳細展開並介紹了策略的制定流程。筆者結合多年的實踐經驗，提出一些新的思考框架，針對投資與業務組合問題，建議用GE/波士頓矩陣處理沒有關係的業務與產品組合的決策，用母合優勢理論處理不同業務的匹配與連繫的決策，用產品結合理論解決產品的組合設計問題。

第四個方面，關於執行系統的規劃。本書以經典參與式策略為原型，系統介紹了策略執行設計的組成、執行設計的流程和方法。這部分有兩個重點：一個是在執行設計時關於輸出控制和行動控制的使用情境和選擇問題；一個是企業設計的原理、方法和三支柱模型，以及如何基於企業能力三支柱模型展開執行設計。在執行管理部分分別介紹了績效控制系統、行動控制系統、正式企業設計、人才梯隊、企業文化對執行的影響，以及如何協調這五個方面確保策略的執行力。

這本書怎麼用？

本書的應用場景主要有兩個：一個是為企業企業各類策略研討會、企業策略制定與執行設計、策略解碼會議提供工具和流程指南；另一個是為想系統地學習有關策略與執行的流程、知識和相關工具的人員提供支持。

最後，祝願所有閱讀本書的人都能有所收穫。讓我們在策略管理實踐中共勉。

逄增鋼

第一部分　VUCA 時代的策略管理

第一章　策略管理的過去與將來

我們處於一個前所未有的時代，人類從來沒有像今天這樣緊密地連繫在一起。全球供應鏈將世界編織成一個整體，網際網路技術使資訊實時傳播，世界經濟前所未有地形成了共振。審視我們所處的環境，隨時都可能有出乎意料的大事情發生：一次技術變革、一項重大發明，甚至在地球另一端的某個國家更換了領導人。而每一個大事件都有可能給我們的生活帶來翻天覆地的影響。即使足不出戶，每天都可能有一隻「黑天鵝」落在我們的頭頂。

我們總喜歡繪製一個地圖，做5年、10年的規劃。然後，我們總是相信，按照地圖的指引，總能夠到達理想的彼岸。

快速疊代是新時代策略管理的基調

在VUCA時代以及未來，「黑天鵝」與「灰犀牛」事件頻發，世界似乎變得難以預測。很多管理者都在思考，在這樣的時代，策略規劃與管理還有意義嗎？

我們現在的社會就像一個正處在高速建設時期的新城市。昨天還很熟悉的街道可能一夜之間就變了模樣，熟悉的道路已經被新的高速路取代。我們手中的地圖已經失去了意義。雖然地圖在改變，道路在更新，但是，只要我們還記著自己的目的地，總是能抵達我們想去的遠方。策略就是我們心中那個目的地，無論道路如何變化，我們都需要知道自己要去往何方。

然而在VUCA時代，老式的地圖已經不管用了。企業需要一種新的視角來看待未來與機遇，用可以快速更新的「電子地圖」來指導我們前進。在不確定的經濟環境裡面，企業對策略管理的要求不是降低了，而是提高了。我們需要的不再是老舊的地圖，而是不斷疊代的GPS地圖。

無論處在哪種行業，「快」正成為一切企業策略管理的基調。越是在這樣的情況下，企業越需要掌握一種方法和流程，以快速地對策略與執行進行調整，來應對環境的變化。因為幾乎沒有人能夠預測社會發展的所有趨勢，而市場機遇轉瞬即逝，唯一能夠判斷預測是否準確的方法就是「行動」。當我們洞察到市場的某種變化，就需要企業快速地採取行動去驗證。即便失敗了，也可以成為一次有益的嘗試，換取對未來趨勢更為清晰的判斷，從而在競爭中獲得先機。

阿里巴巴建立了一套敏捷的策略管理流程，可以快速地驗證策略的有效性，形成策略與執行的高效閉環。2011年，阿里內部對未來產業的預測難以形成統一的意見，大家不知道未來的電子商務到底應該是B2C（直接面向消費者銷售產品和服務商業零售模式，以PChome為代表）、C2C（個人與個人之間的電子商務，以淘寶為代表），還是一個搜尋引擎指向無數分散的垂直電子商務網站（例如，google把流量指向很多企業直營官網和小型購物網站）。

大家爭執不休，同時又擔心錯過市場的視窗期。這時阿里做了一個大膽的決策：把淘寶拆抽成淘寶、天貓和一淘，形成三個獨立的團隊，讓他們按照自己的邏輯去營運，讓市場這隻無形的手來最終決定這三種不同商業模式的命運。

最終的結果大家都已熟知，大浪淘沙，一淘被淘汰掉，變成了一個部門重新回到了阿里巴巴。這次實踐的偉大之處不僅僅是造就了今天的單日銷售額可以突破一百億元的淘寶，更重要的是它是一次了不起的策略實踐，也逐步形成了阿里巴巴強大的策略管理能力。

在VUCA時代，一個策略管理的典型特徵是「從策略到執行的回饋閉環越來越短，企業需要在大致方向正確的情況下快速行動，並且邊行動邊不斷校準和修正策略方向。建構一套從策略制定至策略執行的流程，並使之營運高效，是適應VUCA時代的關鍵」。

企業難以確保每次行動的準確性，但必須確保每一次嘗試都是高品質的商業試驗，否則就會失去機會。合理試錯、快速調整的能力比一次偶然的成功更為重要。企業只有提高策略管理能力，才能縮短從遠見到執行的時間週期，提高行動效率和成功機率。這就需要企業更加深刻地掌握策略與執行的工具，才能確定商業試驗的效率和水準。

雖然越來越多的有遠見的經營者，認識到策略管理能力是優秀企業與平庸企業的差距，但是提升企業的策略管理能力這項任務仍然艱鉅並且複雜。

建構適宜的策略管理系統

我們需要在策略管理系統和執行管理系統方面建立正確的理念，理解組成策略與執行系統的主要元素，並使它們協調一致，還需要針對不同的業務場景，將這些元素連線成合適的策略與執行管理流程。

變化的與堅持的策略理念

在VUCA時代，大量的資訊和想法帶來了變革，也帶來了躁動與混亂。很多管理者一邊迷失在眾說紛紜的策略理念裡，一邊又迫切地尋求解決之道。

總體上，策略疊代的速度在加快，但策略的本質並未變化。一方面，在網際網路等新興經濟領域，我們越來越多地強調策略的實踐性，策略就是邊做邊試，策略流程與執行流程混合，邊界逐漸模糊；另一方面，對於一些傳統行業、重資產行業，如航空業、能源領域，計劃和預測對策略制定仍至關重要。畢竟資產從立項、建設至形成收入，需要很長的時間，經濟預測還是這些領域策略的制定的基礎，企業雖然在承受VUCA時代的結果，但經典型策略的形態並未改變。因此，我們需要建立全面的策略觀，既不能過分地強調策略的靈活性，又不能過分地強調策略的可計劃性。過分突出任何一個方面，都會有失偏頗。

從來沒有一個時代，人們對策略管理的認識如此複雜，又如此多變，策略這頭大象的全景究竟是什麼？在這個多變的時代，建立對策略的整體認識，塑造策略管理的全網領域性觀，找準本企業的策略屬性，保持清醒，避免頭腦發熱，對於我們保持策略定力特別重要。

放棄的與追求的思維模式

在企業管理過程中，人們往往有一種感覺，認為策略是「居廟堂之上」，而執行是「處江湖之遠」。因此，經常會有管理者抱怨「我們的策略沒問題，是執行出了問題」。這樣的說法展現了人們對執行系統的誤解，認為策略與執行是管理的兩個環節。這樣的認知使很多企業的策略與執行系統脫節，甚至部分管理者把「執行」簡單地理解為聽從命令，服從指揮。

事實上，策略與執行是不可分割的整體，在策略管理系統設計之初就應當將執行系統一同考慮。企業設計與企業能力建設應當與策略管理系統協調一致，相互呼應。這種呼應不是簡單的拆分，而是形成一個有機的整體。

目前很多企業的執行系統設計是「物理分解」，根據不同的職能將策略進行生硬的拆分，人為地將工作拆抽成獨立的部分，這些工作之間沒有有效的連繫。如果沒有有效的配合，再優秀的個體也組不成一支優秀的團隊。這樣的行為方式是我們應該放棄的。

如何將執行系統設計變成「化學分解」，不同的執行要素互相融合形成新的物質，不同的行動之間要建立連繫，並形成連結，使企業變成一個血肉相連的有機體，是管理者必須面對的問題，也是我們應該追求的目標。

遵循的和探索的策略流程

要建立策略執行管理系統，需要將策略與執行相關元素透過一定的鏈條連繫起來，組成企業的策略管理流程。同時要根據自己的業務形態和發展階段進行適配，實現從策略到執行的快速疊代。

面對眾多的策略管理理論和工具，我們需要辨識策略制定與執行的不同的環節、這些管理理論和工具所適用的場景以及它們的局限性，再將這些環節和工具進行有效的連繫和連結，形成與公司的策略類型相一致的策略管理流程。

比如，航空、能源等傳統行業與快速變化的商業智慧和網際網路領域，其策略管理與執行流程存在較大的差異。前者注重環境洞察、策略目標和績效控制這些策略鏈條環節和要素，強調規範化與計劃性；後者更注重商業模式設計與驗證、行動管控這些策略鏈條環節和要素，強調敏捷與疊代。

繽紛複雜的業務形態，快速變化的時代背景，不斷進化的企業狀態，所有這些，需要企業的經營者既要吸收和遵循策略管理的經典知識和經驗，又要探索和打造新的策略管理模式和流程，以適應當今複雜的世界。只有打造出符合企業實際情況的策略管理流程，才能有效地提高企業的策略管理水準。

在充滿變化與不確定性的VUCA時代，策略管理的節奏被加快，對企業策略管理的能力要求越來越高，我們須從策略理念、思維模式和策略流程層面，革舊鼎新，滿懷熱情和信心地迎接這個變化的時代。

第二章　好策略與壞策略

事實上這些企業的策略規劃並不合格，他們的策略有可能是空洞無意義的口號，也有可能是不被企業成員所接受的行動方向。總之，無法稱之為好策略。

一個好的策略不應該只是掛在牆上的口號，也不應當只與企業中的少數人有關，而是應當植入到每個成員的日常行動當中，成為企業所有成員的行動指南。

什麼是好策略？

什麼是策略？策略就是企業為了抓住特定的機會和開發業務核心競爭優勢，而展開的一系列綜合的、協調的約定和行動，是資源約束下的聚焦性行為。

這個策略的定義展現了好策略的根本特徵：好策略應展現定位與能力的均衡性，應是連續的一貫性的活動，是資源和成本的最佳投入模式，應在內部協調的基礎上取得企業的廣泛認可。

好策略有效地實現了市場機會、企業能力和成本結構三者之間的協調(如圖2-1)，圍繞重要市場機遇，實現企業能力和成本結構匹配，並形成一系列的連續一致的行動。

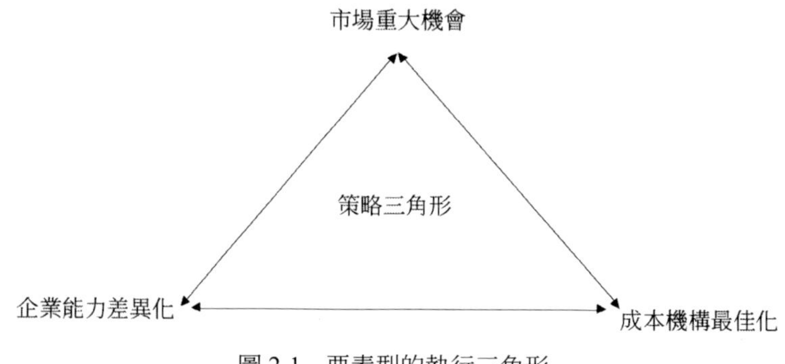

圖 2-1　要素型的執行三角形

好策略要能夠透過機會洞察來創造優勢

策略的首要任務就是一個宣告，告訴大家我看到了一個市場機會，企業要向這裡發起衝鋒。人們經常說的「在風口上的豬也能飛起來」，再一次說明機會洞察的重要性。在創業初期，企業的核心能力可能並不突出，但機會辨識好了，也會獲得較大的發展。好策略會以深刻的視角審視所處的環境，做出對市場、競爭環境和客戶發展趨勢的重大判斷，對自己的優勢和短板進行反思，然後決定企業的奮鬥目標和方向。

好的策略要實現企業能力與策略緊緊相隨，並透過一系列的連續一致的行動來塑造企業能力

策略定位確定後，企業能力的建設需要很長的週期，因此企業須明確業務的關鍵成功因素，決定針對哪些關鍵成功因素建構核心競爭力，並針對核心競爭力開展一系列的行動。企業須在較長的時間週期內，確保策略的連續一致性。企業每年的關鍵行動都要對齊企業瞄準的核心競爭優勢，並使不同功能系統之間的目標和行動協調一致。在現實中，很多企業年年做策略，每年都是「新主意」、「新點子」、「新辭藻」，不同年度的關鍵任務或策略主題之

間沒有關聯和一致性，部門也總是各自為戰，這樣的企業就好像拿著一幅錯亂的地圖，一會兒往東走，一會兒往西走，永遠也到不了目的地。

好的策略要集中彈藥在主攻方向實現飽和攻擊

策略規劃有一個最通俗和顯性的展現，就是一個企業「如何花錢」。資源如何投放和使用是企業策略最直觀的展現。好策略的最終目標就是為了實現資源的最優配置。

有一段話很好地展現了這一原則：在成功關鍵因素和選定的策略生長點上，以超過主要競爭對手的強度配置資源，要麼不做，要做，就極大地集中人力、物力和財力，實現重點突破。

當我們看到一個企業聲稱它的策略是A，但是把資源投給了B、C、D，這類企業其實並沒有明確的策略，而最終往往哪個目標都沒能很好地實現。

好策略要分清主攻方向，在主攻方向上使用「范佛里特彈藥量」（唯火力致勝論的一種，意指不計成本地投入龐大的彈藥量進行密集轟炸和炮擊，對敵實施強力壓制和毀滅性的打擊，以迅速高效地殲滅敵有力量，使其難以企業有效的防禦，最大限度地減少我方人員的傷亡），好的策略並不是不拋棄不放棄。與之相反，好的策略是要勇於拋棄和放棄，分清主攻和輔攻，對準核心業務領域和企業的核心競爭力投入資源，建構企業的競爭壁壘。

因此，從內容角度看，所謂策略就是企業以什麼產品和服務進入哪個市場，建立哪些競爭優勢的一種描述。也就是說好的策略要定義在哪裡賺錢（進入哪個市場），以什麼樣的方式賺錢（以什麼產品和服務），在哪裡花錢（建構核心競爭力）。

什麼是壞策略？

壞策略與失敗的策略不是一回事，好的策略有可能會因為種種原因而失敗，但是壞的策略卻注定不會成功。雖然很少有企業會意識到自己的策略是壞策略，但是與好策略的罕見相比，壞策略似乎比比皆是。

壞的策略雖然各不相同，但是往往遵循一致的規律，我們經常看到的壞策略有以下三種表現形式。

華麗空泛型策略

偽裝成策略的廢話，往往充滿了各種高深的詞彙和華麗的辭藻。策略報告沒有回答企業所處領域的商業成功關鍵因素以及企業需要建構的差異化能力，沒有對所處領域商業終極狀態的洞見和假定，而是盲目地追求熱點。

在2008年的時候，「雲端運算」是一個新興的時髦詞彙，但是大多數人都不太能夠理解「雲端」是什麼。一個電信領域的廠商提出「要成為雲端運算的領頭羊」。他們的中層管理者在談起這個策略的時候一臉無奈，說「老闆讓我做出一份關於雲端運算的規劃，可是我完全不知道這到底要幹什麼」。可見這位企業老闆在提出這個策略的時候並沒有想清楚自己的進攻方向和著力點，並沒有想清楚自己在雲端運算領域能夠幹什麼，而只是覺得這是未來的一個熱點，必須去追。直到2021年，這家企業在雲端運算領域依然裹足不前。

這種策略一般表現為兩種形式，要麼是充滿各種「世界一流」和「領導廠商」類的名詞，要麼就是充斥「生態圈」、「雲端運算」類的時髦詞彙。

自相矛盾型策略

策略目標是領導者為了達成最終目的而設定的，就像艦隊最終都是駛向同一個方向。在現實中，企業在設定策略目標的時候經常設定了多個目標，最不幸的是這些目標還經常是矛盾的。如果目標自相矛盾，有時候還不如沒有目標。

有一家中國比較知名的民營酒店集團，老總裁退休後由他的兒子接任。核心管理人員找到我們，希望能夠幫助他們梳理新總裁上任後的公司策略，以便於他們在新的年度開展工作。年輕的總裁熱情地接待了我們，他顯得野心勃勃，對自己的規劃充滿信心，同時又滿懷憂慮，公司過去的日子太好過了，導致一線的服務意識和服務品質水準有較大差異，出現人才板結現象，所有員工基本不流動，大多是十幾年以上的老員工，並且難以最佳化。

他對未來的規劃包括三個主要內容。

建立酒店生態系統：這家酒店集團擁有大量自持物業，這是其他競爭對手所不具備的優勢。但是長期以來他們都在依靠物業升值的紅利來獲取利潤，卻沒有很強的酒店業務營運能力。恰逢2019年旅遊業遭受重創，他打算引入香港知名的餐飲團隊負責餐飲業務，而他的公司作為平臺方，提供物業和客流服務。

打造特色的親子度假酒店：這家酒店集團過去一直是以會議接待為主的酒店，但是因為多種原因，如今會展業務規模持續縮小，因此他打算逐步重新改建酒店設施，提高人性化服務，增強入住體驗。

堅持大客戶銷售模式：談到未來主要的收入來源，他認為公司未來行銷的重點還是大客戶銷售，因為會議服務的利潤相對較高，同時行銷過程也相對容易，因為十多年來他們已經擁有了一套完善的大客戶銷售體系。

他的三個策略目標單獨看起來都很好，也很有道理，但是組合在一起，我就理解了他們的管理層為何顯得如此無所適從，急切地想要尋找外界力量的幫助了。因為這三個策略的方向截然不同，會分散企業的資源投放，而且有一些策略之間還是矛盾的。他未來的行銷重點仍然是會議服務，需要建構極強的大客戶銷售團隊和銷售管理系統。親子特色酒店與會議業務對餐飲和住宿的要求是完全不同的。如果要以會議為重點，就不需要十分細緻的人性化服務和親子化的裝修與設定，甚至也不需要香港知名的餐飲團隊，而是需要多樣化的會議室，適合團隊用餐的用餐環境與菜品設定。如果要打造系列親子型度假酒店，那麼除了裝修之外，還需要加強服務管理系統建設，強化公司旗下20多家酒店的服務標準化，要建構員工服務訓練體系，進行服務理念轉型，大幅度調整一線服務的團隊領導者，最重要的就是需要摒棄過去對大客戶銷售的依賴，拓展面向個人客戶和商旅客戶的銷售管道，並且建立自己的會員系統。企業的基礎如此薄弱，並且人才無法流動，要建構這麼多的核心能力，難度可想而知，並且任何一項的能力建構都需要時間和成本。再者，不同的經營方向，對文化的要求也有差異，例如做簡單的資源型生意和大客戶生意主要強調效率，做親子生意主要強調精細化服務，企業同時推進這兩種系統，必然面臨著文化的衝突。正是這種互相矛盾的策略，讓公司的管理層十分茫然，不知道應該採取什麼行動。

許多企業的策略系統，我們可以稱之為推動業務進步的多目標行動，多個目標具有不同的關鍵能力要求，這導致企業無法在主攻方向上實現飽和攻擊。

言行不一型策略

前面我們說過，企業的策略包括商業洞察和連續一致的設計。但是有一些企業雖然制定了一個很好的策略目標，卻沒有下決心去執行，後續的執行設計與這個策略目標完全不相關，甚至背道而馳。這樣的策略不僅毫無意義，還會影響員工和客戶對這家企業的信任。

有一家疫苗生產企業，他們的願景是「提供自主研發的、先進的、安全的藥品」。然而他們的財務報表顯示他們每年在研發上的投入不足2%，在品控方面的投入不足1%，銷售費用卻占總費用的20%。報表顯示這是一家以銷售能力取勝而非研發取勝的公司，企業的發展方向與企業願景沒有關係。後來，這家公司被曝光了藥品安全問題。

在這種情況下，策略雖然是明確的，但僅僅是策略會議上的口號，策略的成果沒有展現在成本結構和企業設計上，就會在企業內部倡導極差的執行文化。

為什麼制定好策略很困難？

企業中從來都不缺乏聰明好學的管理者，MBA課程中有大量的關於策略的課程，書店裡也有大量的關於策略的書籍。但讓我們意外的是，擁有好的策略的公司卻是如此稀少。到底是什麼影響了我們制定好的策略呢？

策略制定與決策的過程是一個複雜的博弈過程。在企業策略決策的競技場上有三類力量（如圖2-2），決定了企業策略的走向和策略管理的水準。

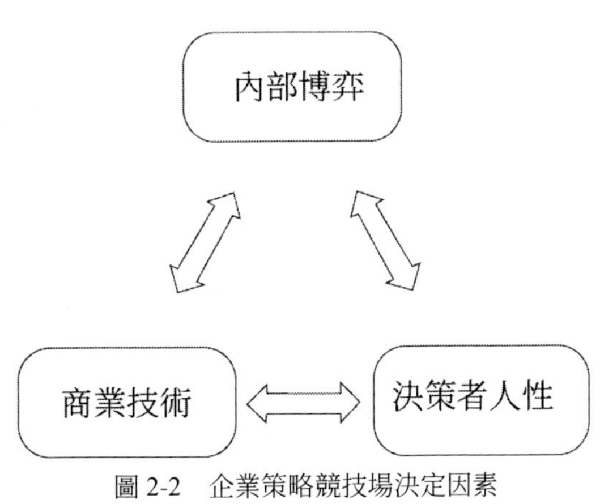

圖 2-2　企業策略競技場決定因素

商業技術影響

好策略需要制定者擁有良好的策略管理的技能。與策略制定相關聯的商業技能主要包括：商業形勢的資訊收集與判斷能力，商業模式設計與創新技能，策略方面的理念認知，從策略制定至執行的一系列流程、方法和工具的技能。由於經濟剛剛經歷了高速增長，在這種時代成長起來的領導者具有一種蠻荒的力量，他們身上總有一種與生俱來的自信，有時候他們更願意相信自己的直覺，而非商業技術。但是，這種經濟增長的黃金時代已經過去了，商業技能對於策略制定的影響變得越來越重要。

內部博弈影響

每次到了公司做預算決策的時候，許多部門負責人就會讓下屬收集數據，糾集眾多人員，然後豪氣地一揮手說：「走，讓我們一起去爭預算。」策略的核心議題就是如何分配資源。實現資源配置合理化的前提，是對各個業務的前景做出精確的判斷，需要確定哪個是最有前景的業務，哪個業務沒有那麼好。如果自己主管的業務前景被公司定義為「不那麼好」，對經理人來說，這通常意味著話語權和內部地位的降低。所以，每個部門的經理人會用一系列華麗的策略規劃圖表，使出渾身解數來證明他們的業務前景光明，或者只經過初期的投資，未來必將獲得超額的回報。很多決策者無法面對這樣的人際壓力，也不願意承擔成本重構決策帶來的風險。所以，經過一系列看上去十分公平和科學的流程之後，相當多的企業或者按照各部門業績增長幅度平均分配預算，或者按照部門負責人在企業中的影響力來決定資源的投入。策略規劃最終變成了一種公司內部的不同力量的博弈，市場洞察和資源配置失去意義。

決策者人性影響

策略的制定最終還是人的決策，不可避免地要受到人性的影響。在現實中有三種人性傾向影響了決策者做出正確的判斷和決定。

實事求是。這種特質在策略制定時顯得特別重要和稀缺。大部分管理者要麼不願意接受和承認行業低增長現實，在低增長的環境下，仍然追求並不現實的高增長目標，認為本企業可以逆勢增長；要麼不能對核心優勢和劣勢做出恰當評價，過高地猜想企業的策略優勢，進入錯誤的領域。

多元化投機陷阱。在經濟的高速發展階段，很多的企業管理者在機會增長的市場上，依靠定位和抓機會成功過，甚至取得優異的成績。成功的經驗往往會極大地強化企業經營者的投機心理，產生一種難以克服的透過發展新領域追求高增長的心理頑疾，很多經營者被這樣的心智模式所控制而不自知。有些經營者很難克服過去市場的持續高增長帶來的機會型增長思維，他們容易盲目地追求多元化，忙於開拓新的作戰領域，而不願意在核心領域上建構長遠競爭力。在未來相當長時間內，避免各種機會的誘惑和機會陷阱，克服投機思維，專注企業核心領域是一種難得的智慧和能力。

創新者窘境。不能夠放棄既得利益，從而不能抓住創新機會。隨著時代的變化，很多企業過去引以為傲的優勢可能變成掣肘發展的因素，「企業總是被過去的成功所絆倒」，人們總是不願意放棄既有的認識和自己習慣的行為模式去迎接變化，從而被新的市場力量打倒。就像現在很多傳統的零售商，不願意讓自己的線下業務受到衝擊，從而拒絕擁抱電子商務的機遇；而原本擅長透過傳統管道獲得客戶的企業，不願意冒著得罪傳統管道夥伴的風險，嘗試新媒體管道。

策略的社會性和文化特性往往在企業的策略決策中擁有更加強大的力

量。在企業策略決策競技場的較量中，大部分時候是「決策者的人性」和「內部博弈」戰勝了「商業技能」，使一個好策略難以誕生，壞策略卻比比皆是。

企業要不斷提高企業策略制定的商業技能，克服內部的力量博弈影響和人性的弱點，避免壞策略，制定出抓住市場機會、建構企業能力和重置成本結構三者相匹配的好策略。

第三章　定位與能力的平衡

策略的核心到底是什麼，在學術界也一直是大家爭論的焦點。關於策略的爭論集中展現在：在企業策略管理中，究竟是市場定位更重要，還是建構核心競爭力更重要？最能代表兩種觀點的是最為廣泛流行的兩個策略流派，分別是以波特為代表的定位派和以哈默爾等為代表的能力派。

策略管理思想的主要爭議

定位流派的代表人物波特指出：策略是在一個可以賺錢的市場中，比對手更快地占領優勢位置，率先取得利益，而能力是從屬性的。波特認為，真正可以賺錢的模式只有三種：即產品是否比對手更便宜（成本領先）；產品附加值是否比對手更高（差異化）；策略實施是否比對手更緊湊（集中）。1980年波特的《競爭策略》面世以後，定位理論迅速成為策略管理領域的主導學派。依據定位理論成功的企業不勝列舉，最近的一個案例是中國電子商務市場上的後起之秀拼多多，它依靠定位於國內市場的數量巨大的低端消費者而成功。

能力派的興起是由20世紀日本本田等日本企業在世界範圍的成功所引發的。

本田公司於1962年開始進入汽車製造領域，當時的通用汽車公司是本田公司規模的68倍，即使是「三大廠」中最末位的克萊斯勒公司，也是本田公司規模的13倍以上。與福特、通用、克萊斯勒相比，本田就是汽車領域的一隻小螞蟻。而正是這隻小螞蟻居然要向大象進攻。

基於定位理論，本田進入汽車製造領域，不算一個好的策略定位，當時很多策略管理方面的學者很不看好。哈佛商學院的知名學者理查·魯梅爾特向MBA學生提出了一個「簡單」的問題：本田是否應該加入世界汽車產業？魯梅爾特給所有回答「是」的同學判定為不合格。他解釋的原因是：行業競爭對手眾多，市場已經處於飽和狀態；日本和歐美的競爭對手優勢突出；本田公司在汽車製造領域的經驗幾乎為零；沒有現成的汽車銷售的管道和能力，建構週期長，因此是個較差的策略定位。

然而後來發生的事情，完全超出了眾多專家學者的預期。

1970年，美國議會透過了《清潔空氣法案》，要求汽車製造企業在「五年以內尾氣排放量減為十分之一」。三家美國汽車大廠齊聲表示這是不可能的事情，本田公司反而認為，這是一個千載難逢的機會。本田技術團隊傾力打造出一款CVCC引擎，成為世界上最早符合清潔環保要求的汽車引擎，完全滿足《清潔空氣法案》的要求。

當時的本田已經實現了機械化生產，其自動化生產系統領先全球，極大地降低了汽車的生產成本。同時期，美國汽車仍然在使用老舊方式生產，使用大量人工，生產成本高。

1973年全球石油危機爆發，低耗油量及尾氣少的本田小型汽車受到關注，銷量大增。

1985年，魯梅爾特的妻子把自己的汽車換成了本田品牌。他妻子購買的理由是：品質好、價格實惠。她用自己的消費行為給魯梅爾特的MBA學生平了反。

基於日本企業的實踐，策略的能力流派開始正式走上檯面。哈默爾等人認為：企業在適應商業環境變化的同時，應很好地理解「核心競爭力」，產生企業收益的源泉，不是事業的定位，也不是業務的效率與速度，而是位於二者之間的「核心競爭力」。他提出了「與收益關聯的持續性競爭優勢即核心競爭力」這個概念。核心競爭力是帶著「機會」的「優勢」，並認為定位理論失敗的原因正是缺乏這樣的概念。能力學派的一群人異軍突起，他們的口號是「能力在先，定位在後」，積極倡導提高人與企業的學習能力。

能力派與定位派展開了長達十幾年的爭論。在波特發表《什麼是策略》一文後，這種爭論達到了高潮。波特認為「能力論不過是業務效率化」、「它無法帶來大的跨越式發展」。這個論調一出，立即炸了鍋。能力派奮勇應戰，提出相反的論調指出：大量的企業實踐表明，很多企業雖然處於可盈利市場，但依然可能無法盈利，因此能力才是策略的根本。

就在定位流派與能力流派激戰正酣之時，策略混合派的出現基本上終止了雙方的爭論。策略混合派的代表人物加拿大麥吉爾大學教授、著名的策略管理領域的大師亨利·明茨伯格提出：重視定位，還是重視能力，應該是「依情況而定」。他還進一步提出：企業在創始階段或發展早期，應該重視定位，進入成熟階段，應該強調能力。

定位與能力的均衡

企業增長來源從根本上說有兩種：一種是市場和機會驅動的增長，主要指企業處於較好的經濟環境而引發的自然性增長；一種是企業核心競爭力驅動的增長，主要指企業因為具有超越競爭對手的核心能力而引發的超額性增長。在任何時候，都是兩種根本性因素在同時發揮作用，但在不同階段，二者的影響程度不同。

高增長市場比眼光，比誰更快

機會驅動的增長是行業性的整體性增長。當市場處於高速增長的階段，市場中的每個企業將享受到市場普遍增長的紅利。選對戰場，增長便自然發生。對此，曾有一句話這麼說：「站在風口上，豬都會飛起來。」

在機會驅動的市場中，比的是誰能更快地占領先機。如果把經營比作攀登一座大山，策略就是決定登哪座山，走哪條道路，企業應在「可盈利的市場」選取「可盈利的位置（定位）」。攀登經營這座大山時，選擇容易攀登的山，走容易攀登的路，當然容易領先。套用一句俗話，就是「選擇比努力更重要」。

沒有選擇好定位，即使在能力建設方面投入很大的努力，成功也會來得十分艱難。華為就曾經有過這樣一段艱難的發展歷史。

華為公司2003年和2004年的銷售額分別為317億元人民幣和462億元人民幣。華為大力擴充套件海外市場，在全球設立了55個代表處和8個地區部。雖然外表光鮮，但任正非有苦難言。當時中國的3G建設競爭非常激烈，有時深陷低價競爭的泥潭，根本沒有多少利潤空間。而當時在海外，華為只是一個不知名的小企業。歐、美、日、韓等發達國家和地區的營運商根本看不上華為。所以任正非不得不和摩托羅拉開啟談判，想要以500億元人民幣的價格賣掉華為。

當意向書已敲定，摩托羅拉忽然發生了人事變動。談判負責人Zafirovski失去話語權，Sun Microsystems的Ed Zander被請來擔任摩托羅拉的執行長。Zander同意進一步談判，但最終拒絕了簽署這筆交易。

這個案例仍然給我們一個啟示：當年華為雖然選擇了一個巨大的高速增長的市場，這是華為策略定位的優勢，但是由於當年弱小的華為沒有足夠的競爭優勢，以弱者的姿態進入這個市場，帶來極大的經營難度。雖然華為在鍛造核心競爭力方面一直做得十分努力，最終取得了成積，但依然經歷了一段處境艱難的歷史，甚至差一點就成了一家美國公司。

沒有選擇好定位，雖然有成功的實踐案例，但失敗的案例或許更多。由於「光環效應」，大家往往只看到勝利者的光環，而沒有看到角落裡失敗者痛苦的血淚。

成熟市場比拳頭，比誰更有力量

行業不可能永遠高速增長，行業進入平穩發展期以後，存量企業的競爭將越來越激烈。企業越來越難以尋找市場容量大、利潤好的可盈利定位，前期形成的依靠「定位準確，快速部署力量」的增長邏輯遇到了挑戰。在成熟市場情況下，每個細分市場的可盈利地位都在下降，快速增長人力、增加基礎設施和固定資產投入，並不必然帶來業績的增長，卻一定會導致成本的增加。如果說企業的上半場是賽跑比賽，那麼下半場更像一場拳擊比賽。業績增長取決於對存量市場的爭奪能力，比的是誰的拳頭更硬、體格更壯，透過建構差異化能力而獲得增長成為核心增長模式。企業的策略重點從以抓機會為主，轉到核心競爭力的建設上來。

在早期快速增長的市場上，大多數的參與者只追求規模和效益，只顧矇眼狂奔，這些企業沒有做到定位與能力的均衡，投機意識很強，往往高估自己的能力，不注重核心競爭力的建設，注定只能成為「平庸參與者」。只有少數「遠見型企業」一邊奔跑，一邊建構核心競爭力，鍛鍊肌肉和力量，這些「遠見型企業」會在下半場的拳擊競賽中脫穎而出。此時，「平庸參與者」才意識到核心競爭力的重要性。由於行業整體利潤降低，市場環境變差，「平庸參與者」一邊要保持盈利，一邊要強化核心競爭力的建設，困難重重。同時，這些企業發現，優秀是一種習慣，核心競爭力建設不是一天時間能夠完成的，從主要靠抓機會到依靠能力取勝，不是一次戰術性的調整，而是一次深層次的企業變革，難度之大遠超想像。於是強者恆強，「遠見型企業」的優勢就會更加突出，從而形成市場分化。

中國的快遞行業從2010年開始伴隨著電子商務的發展，迎來了快速增長的時期。QF快遞集團就是在那時成立的，它伴隨著行業的紅利，得到了飛速的增長。在2013年成功引入力鼎資本、鵬康投資、鳳凰資本三家投資機構共同注資2億元。就在這一年，他們的高階副總裁志得意滿地對我說：「在我們的行業，就算我什麼也不做，一年也可以有100%的增長。」這家公司在鼎盛的時候，在全國擁有5000多個網點，每日的接單量最高的時候達到每天100萬件。然而現在，我們似乎很少再提及這家快遞公司的名字了。回顧那幾年的風光時刻， QF快遞一直是被客戶投訴最高的快遞公司之一，丟件情況也時有發生。在獲得2億元投資之後，他們把主要的精力放在了網點建設和市場擴張上，而這時他的競爭對手「三通一達加順豐」正在加緊資訊系統建設、自動化的倉儲分挑選系統建設和客服體系建設。當市場進入到成熟期，這家曾經風光無限的企業很快就被淘汰了。

樹立正確的增長和發展觀

企業應該先做大、後做強，還是先做強、後做大？這個爭議由來已久，這個問題的本質就是企業在發展中如何看待和協調使用「定位驅動增長」和「能力驅動增長」。做大和做強是兩種不同的增長模式，就如同兩種不同的生活方式一樣，它們並不會在未來某個時間點實現自動切換，也沒有這樣的自動轉換按鍵。

表面的規模增長，看起來像吱吱作響、散發奶油香氣的牛排。經營者面對這種不可抵制的誘惑，天然地想增加基礎設施、固定資產和人員規模投入。然而人無遠慮，必有近憂。表面上看企業是在不斷做大，實質上規模增長的品質並不高。當市場高潮停止時，經營者才發現資金週轉困難，無利潤可言，經營難以為繼。這種沒有核心競爭力的攤大餅式的規模化或多元化發展，我們稱之為「增長陷阱」。

事實上，我們看到古今中外的很多經營者在經濟高速增長期總是充滿著各種不可抑制的擴張衝動，不可抑制地進入「增長陷阱」，這種衝動會在經濟進入滯脹或衰退時終止。這種發展模式，就如同企業經營者正參與一場賭局。賭徒每一次都把上次贏的籌碼全部投入到新的賭局中，不斷打著「一體化」、「整合行銷」、「生態圈」等名義進入與主業關聯不大的領域，投資基礎設施。只要不離開賭桌，總有一天會全部輸掉。

第二次世界大戰之後，世界興起了一股多元化浪潮。嘗到了多元化甜頭的大企業們控制不住多元化的衝動，在「二戰」結束後迅速擴大自己的地盤和產品，實施多元化的企業短期實現了較高的規模和利潤增長。這種浪潮在1960年代的「併購」熱潮和1970年代興起的「無關聯多元化」的風暴中達到高潮。多數企業都將多元化拓展到了與原有業務完全無關的領域。大部分企業採用事業部制，透過規模與多元化從資源的充分利用方面獲得效率，並可以透過多分部結構的營運分權來處理由此產生的複雜問題。在多元化的巔峰期，奇異公司有46個事業部，聯合企業的利頓工業公司有70個事業部。這無疑對部門的管理能力提出了巨大挑戰，多元化的結果是業務的營利能力普遍下降。於是在1980年代，精簡業務和推行重組策略成為主流，其中最具代表性的是傑克．韋爾奇提出的「數一數二」的經營策略，奇異透過重組將業務規模縮小到原來的三分之一以下，獲得了巨大成功。

過去幾十年，國內經濟快速發展，有相當數量的規模企業以各種名義進入了多元化的領域。大部分企業重視擴地盤，忙於跑馬圈地，而不重視壘城牆。因為沒有堅固的城牆，再廣大的疆網領域，當敵人的鐵騎到來時，也會在一朝之間陷落。

今天，國內經濟總體處於高速增長向平穩增長轉變的歷史節點上。經營者需要及時調整策略經營思維，適應這種變化，重新平衡與定位兩種增長模式，加強對核心競爭力建設的投入，謹慎地評估多元化投資機會，由外延式發展轉變為內涵式發展，把成本集中投資在壘城牆上。

一個成熟的管理者應該保持清醒的頭腦，準確地判斷企業現在的增長來自何方，建立正確的績效觀。

幾年前，一家在網際網路軟體領域創業的公司負責人興奮地對我說：「我們去年的業績增長了70%，完全超出了我們的預期。這說明我們的團隊已經具備很強的競爭力了。」

我也替他感到十分高興：「這真是太棒了，這個增長來自哪些方面呢？」

軟體公司負責人：「年初的時候，我們鎖定了物流行業。物流行業的市場今年有一個爆發，貢獻了我們業績的70%以上。」

我忍不住追問：「這聽起來真不錯，那同行業的公司增長如何呢？」

軟體公司負責人：「我還真沒有關注，我打聽一下。」

過了一會兒，軟體公司負責人有些沮喪地告訴我：「A公司、B公司，業績分別增長了105%和92%。」

在這個軟體公司的經營管理中，其業績主要增長來源顯然是占據了可盈利的市場空間，從而享受到高速增長的紅利，核心競爭力並沒有造成放大作用。

每個經營者都應該反思：我們的業績增長是來源於可盈利的市場定位，還是企業的核心競爭力，核心競爭力是否造成了放大作用？對於這個問題的反思，有利於我們在經營過程中保持理性和清醒。

經營者應該建立均衡的策略觀，把抓住機會與核心能力建設二者協調起來，根據企業的不同業務的形態和發展週期，確定不同時期策略管理的側重點。

第三章　定位與能力的平衡

第四章　策略管理流程

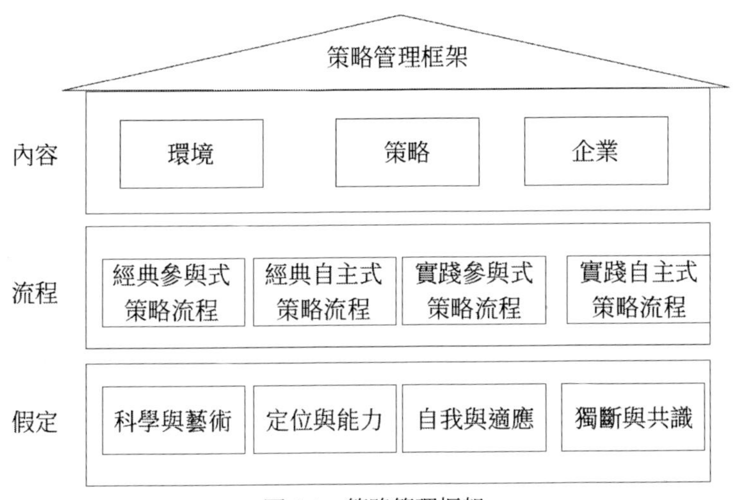

圖 4-1　策略管理框架

策略管理理論和實踐一直存在四大爭議問題，關於這四個問題的看法形成了企業的策略假定。這些假定影響了企業的策略思維和策略觀，並在相當程度上決定企業的生存和發展的方式，對文化形成重大影響。我們把對這四個問題的認知看作是策略思考的四根棟梁，策略管理流程和策略管理的內容是建立在這四個假定之上的。

第一個問題是關於策略的藝術化和科學性的看法，這在相當程度上決定了企業從策略到執行的流程設計和管理方法，決定了策略規劃更重要還是實踐更重要。過分地強調策略的藝術性和科學性都是有害的，過分強調藝術化會危害策略流程化和標準化，從而影響企業的效率和效能；過分強調策略的科學性會危害企業的靈活和創新性，影響新業務探索。從誕生到發展、壯大，企業的策略是不斷從藝術化越來越傾向於科學化的過程。與此相適應，企業應適時調整自己的策略理念，不斷強化計劃性，以提升企業效能，否則企業將很難放大早期的成功。

第二個問題是關於定位與能力的關係。策略的核心是能力更重要，還是機會更重要？關於這個問題的回答決定了企業的生存和發展模式，形成了企業文化的重要組成內容，決定了企業策略的內容是重視機遇，還是重視能力。

第三個問題是適應環境和以我為主哪個更重要。這決定了企業策略的基本思維和視角。如果適應環境更重要，就會把策略制定的重點放在環境資訊的收集和分析方面。很多處於市場集中度小的企業或者堅持以能力導向的企業，往往更相信以我為主，相信「人定勝天」。他們在制定策略時更相信以我為主，會把策略制定的重點放在商業設計、企業設計和競爭力的辨識與建設方面。

第四個問題是關於策略的社會性、文化性的認知。策略是管理者的「乾綱獨斷」，還是建立在一種企業的共識之上？這決定了企業策略制定與執行過程中的角色分工和參與方式。如果否認策略的社會性，就不會在策略制定的過程中注重群體的參與和共識形成過程，不重視學習在策略形成中的作用，不承認策略過程是一個集體思維過程和心智過程，不認為策略過程是一個願景構築過程，也不可能在企業內部形成策略管理流程，最終會極大地影響策略的執行力。

策略假定會極大地影響企業的策略管理流程和策略管理的內容，甚至在一定程度上決定著策略管理的內容和流程。企業策略管理的內容是處理環境、策略、企業三者之間關係的一系列的流程和活動。

企業策略類型分類

為建構企業個性化的策略管理流程，我們需要對策略類型進行分類，並基於不同策略類型組合不同的策略管理要素，形成不同的策略管理流程，以適應不同業務類型的策略管理要求。

流行的觀點把策略家看成策劃者或者有遠見卓識者，是高高在上、向其他所有人布置卓越策略的某個人。在承認提前思考的重要性的同時(這個世界尤其需要有創意的觀點)，關於策略家，我想提出一個不同的視點 —— 把他們看作一種模式的辨識者，一個學習者 —— 他們管理一個過程，其間策略可以自然生成，也可以深思熟慮而成。重新定義策略家，他們是多個個體組成的相互影響的一個集體中的一員，深至企業的心靈。這位策略家與其說是創造了策略，不如說是發現了策略，通常這些模式的形成都源於一些意料之外的行為。

—— 〔加〕亨利·明茨伯格

亨利·明茨伯格提出了兩種極致的策略類型。我們將那種基於高瞻遠矚的見解、精細的規劃而來的策略稱為經典式策略，將那種在實踐中沉澱、自然生成的策略稱為實踐式策略。

四種基本策略類型

企業都有哪些策略流程類型？不同的企業應該採取哪種策略流程模式呢？借鑑馬丁·里維斯等人的方法，我們從業務確定性和企業影響力兩個維度來對策略類型進行分類，並制定不同的策略管理類型和策略管理流程。

業務確定性就是業務前景可預測的程度。一般受經營環境的可預測性、商業模式的可預見性、技術成熟度、行業成熟度和企業成熟度的影響。

經營環境的可預測性主要指企業所處商業環境的變化劇烈程度、法律監管的變化情況、客戶需求的變化程度等，變化程度越小，業務的可預測程度越高。

商業模式的可預見性主要指商業模式是否清晰並已經被驗證。越是被驗證過的商業假設，其商業模式更加清晰，業務的可預測性越高。

技術成熟度主要指技術的趨勢是否清晰，技術的更新疊代的速度、技術路線的變化速度等是否清晰，技術成熟度越高，業務的可預測性越高。

行業成熟度主要指行業的競爭結構是否固定、行業的發展趨勢是否明確等，行業越成熟，業務的可預測性越高。

企業成熟度主要指企業是否已經由前期的專案型企業或柔性企業過渡至傳統的企業形態等，企業結構越穩定和傳統，業務的可預測性越高。

企業影響力是指單一企業對行業的影響力。一般分為基本無影響、有些影響、較大影響和根本性影響四個層級。企業的可控性主要受企業地位和業務集中度兩個方面的影響。

企業地位，主要指企業擁有的可能塑造模式的最有利的地位、資源或其他企業無可替代的優勢。

業務集中度，主要指企業所涉足的領域未來是集中度高的市場，還是集中度低的市場。市場集中度越低，可控性越低；市場的集中度越高，企業便越有可能建立可控性。

業務確定性定義了企業所屬業務的可預測性，業務確定性越強，預測和計劃越重要，策略計劃越具可行性；業務確定性越差，預測和計劃便越困難，越適合在實踐中形成。企業可控性定義了企業對所在行業的塑造可能性和影響力，企業可控性越高，在策略制定和決策時自主性越高；企業可控性越低，其自主性越低，越應該以應變為主。

按照以上劃分維度，可以劃分並形成四種比較典型的策略類型，分別是：經典參與式策略管理流程、經典自主式策略管理流程、實踐參與式策略管理流程、實踐自主式策略管理流程。

實際上，企業的策略管理模式是基於以上四種模式漸變發展的，因此可能存在多種策略管理實踐。我們可以基於這四種典型的組合方式進行演變，去適應不同類型的企業實踐（如圖4-2）。

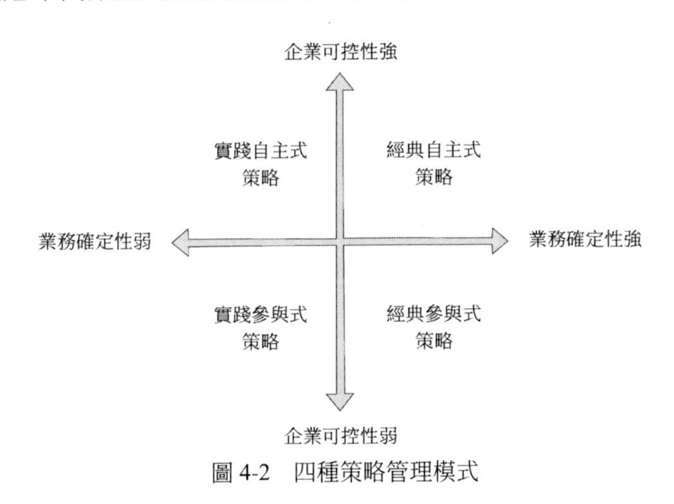

圖 4-2　四種策略管理模式

經典參與式策略

經典參與式策略適應的場景是：行業比較穩定、業務模式比較固定、單一企業對行業沒有很強的影響力。由於競爭的基礎是穩定的，需求會隨著經濟的增長而增長，行業結構短期內一般不會發生根本的變化，優勢一旦獲得就會持續。企業的經營規模、產品和服務的差異化、企業的核心能力在競爭中都可能造成重要作用，成為企業競爭優勢來源。相對而言，經營規模在核心競爭力中處於重要地位，規模可提供競爭壁壘，降低成本，市場份額增加意味著利潤增加和持續的投資報酬，因此經典參與式策略的核心是實現規模化。雖然有外部的變化，但行業結構穩定，顛覆性的變革較少發生，策略與管理的過程比較靜態化。航空業、保險行業、銀行業、汽車行業，使用的就是典型的參與式策略。

在行業趨勢沒有根本性變化的情況下，策略具有很強的可設計特徵，經典參與式策略流程強調策略規劃的準確性、計劃的可執行性，這有助於提高企業的執行效率和競爭力。在這樣的行業中，過分強調策略的簡單化和敏捷化是危險的，一味地強調敏捷與變革會導致策略管理能力的降低。

航空領域是應用經典參與式策略的典型領域。航空公司的商業模式和業務流程比較固定，各大航空公司沒有本質的區別，產品和服務的同類化很強。沒有一個航空公司對行業有主導性的影響，商業環境的變化對某一航空公司的經營結果往往會帶來較大的影響。航空公司既需要針對市場做出快速的應變，又需要進行一些重大的變革，從長遠視角建構企業核心競爭力。航空業基礎設施及營運成本十分高昂，規模效益明顯。因此在航空業的策略管理中，應強調策略的可計劃性，不可過分強調策略的靈活性，這樣才能確保連續一致性，否則將失去策略的持續性。

經典參與式策略有三個比較重要的特徵：

不斷實現規模化是經典參與式策略的基本出發點。規模經濟原理在經典型企業展現得較為充分，規模即利潤和核心競爭力，企業的競爭力是建立在規模優勢基礎上的。

強調分析規劃。由於企業的經營環境穩定、可預測，策略分析與規劃在策略管理中的地位和作用被進一步強調和重視，規劃一旦確定，便會被堅決地推進和執行。策略規劃的嚴肅性在此策略流程下得以強化。

結果管理與行動管理同時兼顧。一方面業務模式穩定，專業化、標準化很強，因此執行過程透過績效指標體系對常規性經營過程的輸出結果進行控制；另一方面，由於企業結構相對固化、分工清楚，專業化分工導致的跨部門合作困難，變革難度增加，因此必須透過行動管理系統管理業務變革，實現不同部門的合作，發展核心競爭力。

經典自主式策略

經典自主式策略適應的場景是：行業形態穩定，外部環境穩定，業務模式比較固定，行業結構趨於穩定，企業進入這個領域很長時間，單個企業具有全網領域性的影響力，企業較少關注外部的環境變化。

國有壟斷類的電網和能源生產企業是經典自主式策略組合應用的典型領域。電網企業的商業模式和業務流程穩定，單個企業具有區域或全領域性的影響力。企業往往基於國家經濟策略目標、區域發展計劃和長期經濟發展趨勢，制定長期發展規劃。這類企業的建設與投資週期較長，固定資產投資較大，資產結構和投資規模對效益有重大影響，一般不需要隨短期的形勢變化而做出快速應對（事實上也不應該這樣）。醫院、學校等具有較高標準入門檻的行業，發動機、電信營運商、軌道交通等重資產行業也有類似特徵。對於這種重資產投入行業，其經營狀況往往是由於多年前的資產布局決定的，在這些行業和領域，我們仍然應該強調策略的計畫性。

經典自主式策略有兩個比較重要的特徵：

企業關注自己遠重於關注環境。經典自主型企業的策略都是基於願景和長遠目標展開的，即時的環境變化並不能對它們形成較大的影響。實施經典自主式策略的企業比較關注中長期的經濟趨勢和經濟策略發展目標，並使企業的策略與之匹配。這類企業中，有一類是先發優勢突出的企業，如奇異的發動機業務、英特爾的CPU業務，其他企業沒有幾十年的累積，很難向其發起有力的挑戰。這類企業會按既定的研發計劃或企業策略展開實施，一般不會隨便因短期的經濟波動而做出重大調整。在企業策略管理中強調企業發起人的願景、目標、計劃是否得以實現，同時關注其他的相關方（如政府）的意願是否得以實現。

執行系統以輸出控制管理為核心。內部長期專門化，分工體系完整，工作規範，強調績效指標體系，對經營過程的輸出結果進行控制，傳統的績效管理方法仍然具有較強的適應性。

實踐自主式策略

實踐自主式策略適應的場景是：行業不穩定，由於占據某種資源優勢、擁有某種能力，單一企業有可能影響全網領域性。這種情況下企業最重要的關注點是快速實踐和驗證企業的商業構想，占據先得之利，建構競爭壁壘。若有相同或相似的競爭者，企業會同時關注競爭對手的商業構想設計和實現速度。「搶先從而求大」是實踐自主式策略的核心主題。

大型的網際網路購物網站和搜尋引擎等領域是實踐自主式策略的典型應用場景。網際網路大型網站、搜尋引擎都屬於網際網路的設施型業務，這種業務的商業邏輯是規模取勝，由於基礎設施的建設成本可以被交易規模攤薄，在達到一定流量後邊際成本幾乎為0，因此一種模式基本僅存在極少的倖存者，多數時候是規模最大的一家。這種企業在有一個商業構想假定後，必須快速行動去驗證構想的可行性。當商業模式一旦驗證，就需要進行快速擴張，實現規模效應，建構競爭壁壘，防止潛在競爭對手進入。這種企業的規模化效應非常明顯，規模領先的企業將在競爭中最終取勝。

為了搶占先機，迅速開始規模化的道路，有時候市場不允許企業經過充分的商業模式驗證才開始擴張，所以很多網際網路企業都信奉「因為相信，所以看見」。因為如果真的看見，就已經晚了。但這種搶先，如果控制不好，就可能走上另外一種極端，這就是所謂的「矇眼狂奔」，如樂視網、瑞幸咖啡、摩拜單車。樂視網是同時在汽車、影片、電視、手機、內容、體育等六個生態領域展開多元化狂奔，每個領域都有強而有力的競爭對手，樂視都不是第一，每個領域都需要極大的現金流。以汽車領域為例，200億人民幣投資只是起步價，這種狂奔的結果必然導致崩潰。瑞幸咖啡、摩拜單車則屬於不做小範圍商業驗證即開始狂奔的典型。

如果做不到「極快」從而做到「最大」，就有可能給市場首位的企業打工。我們在網際網路行業經常能夠看到，當市場上出現了一種新的商業模式或者新的產品被使用者所認可，就立刻會有處於網際網路行業流量頂端的一些「大廠」推出類似的功能。而由於「大廠」具有無可比擬的資本與流量優勢，新興企業往往難以從競爭中勝出。有時候這類創新型企業最好的結局就是建立一個難以讓「大廠」們快速複製的優勢，然後被「招安」。

實踐自主式策略有三個比較重要的特徵：

以商業模式實踐與驗證為核心。以商業構想為核心，快速行動，快速成功，快速失敗，快速調整，構想與行動疊代，策略與執行間沒有清晰分隔。對於實踐自主式策略，相對計劃性而言，企業更強調敏捷性，策略制定與執行的邊界不清晰，並且會反覆疊代。在符合時代趨勢的前提下，在策略制定上強調以我為主和「人定勝天」。

搶占先機建構規模壁壘。強調自我商業構想的實現程度，在商業模式驗證之後以最快的速度擴張規模，建構競爭壁壘。有時候為了快速實現規模，甚至需要一邊驗證商業模式一邊擴張。規模領先的思維在此類策略的制定中具有決定性的作用。

強調行動控制系統。強調行動控制系統的調節作用，透過關鍵行動管理，實現高效合作的及時響應，僅實施輸出結果控制已經不能滿足策略快速疊代的要求。

實踐參與式策略

實踐參與式策略應用的場景是：行業不穩定，一般處於發展前期，商業模式不確定，單個企業不能對全網領域性有影響力，行業市場集中度不高。企業的目標是初期專案取得成功，扎實地在細分市場上縱向發展，適度地發展規模，在某一細分領域取得競爭優勢並維持長期生存和發展。

比如網際網路醫療行業，對於使用者來說，最重要的資源是資深的專家主任。如果只是把優質的醫生資源搬到網際網路上，僅僅提供了一定程度的便利性，卻沒有改變資深專家稀缺的主要矛盾。資金、流量在這個領域都無法對商業模式產生根本性的放大作用，所以這種領域的規模化效應不明顯，在這個行業難以形成一家獨大的局面。

這些行業的管理者要做的就是踏踏實實地透過專案化取得初步成功，然後透過縱深化發展，建立細分領域的競爭壁壘，從而在市場上取得一席之地。同理，網際網路諮詢、網際網路餐廳都沒有從根本上重塑行業核心價值，影響行業規模化的原有瓶頸也沒有克服。創業者一定要看清楚商業本質，不要走實踐自主式策略狂奔的道路。

實踐參與式策略有兩個比較重要的特徵：

強調聚焦與深化。實踐參與式策略內外部皆有較高的靈活性，既關注自身能力，也關注外部變化，不能也沒有必要像實踐自主式策略那樣狂奔。在前期專案成功後，一般聚焦細分領域，建立競爭壁壘，進入經典參與型策略流程。

強調行動控制系統的調節作用。一般透過專案管理，實現高效合作，及時響應。企業透過行動系統，實現快速的商業驗證。同時由於沒有很強的規模化效應，其在策略上的緊迫性並不明顯，並不需要矇眼狂奔。

雖然企業的四種策略類型對應四種不同的策略管理思想和管理方式，

但四種不同的策略類型的邊界未必區別得那麼清楚，而且有時候可能需要相互切換。

三種基本策略管理流程

企業應該根據自己的業務形態和所處的發展階段，決定自己的策略管理模式，並匹配相應的策略管理流程，這是強化策略管理能力的基礎。企業的策略管理流程有三種基本的樣式，這三種基本的樣式反映了策略的可預測性和計劃性的變化。

第一種策略管理流程是「經典自主式」的策略管理流程，這種流程比較適合經典自主式策略，適應於經營環境可預測、企業具有掌控力的情形。這個流程強調以我為主，關注長期環境，不關注短期環境，強調策略的可設計性，策略與執行的邊界清晰，策略與執行的節奏井然有序。

這種情況下的策略管理流程如圖4-3：

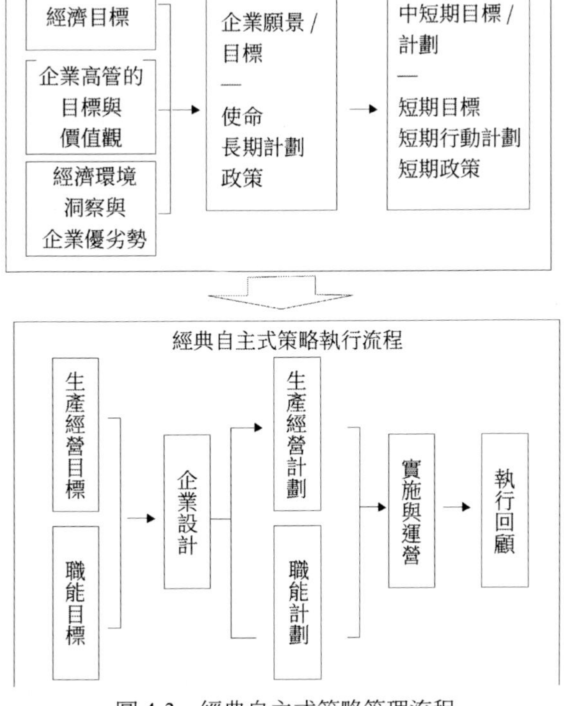

圖 4-3　經典自主式策略管理流程

第一步：綜合分析經濟發展趨勢、國民經濟與社會發展目標、企業發起者的意圖、企業的優劣勢，確定企業定位、使命和願景，即「考慮到經濟趨勢和發起者的意圖，結合企業現狀，企業的使命和願景是什麼？」

第二步：確定中長期目標。基於企業的使命、願景，設計企業的中長期策略目標，即思考「實現了中長期的什麼目標，才能實現企業的願景？」

第三步：確定近期目標。基於中長期目標，確定企業的近期目標，即明確「為了實現中長期目標，最重要和現實的短期目標是什麼？」

第四步：企業設計。根據企業中長期目標，建立正式企業的結構，即設計「為了實現企業目標，採用什麼樣的企業結構陣型來完成任務？」

第五步：部門績效目標。企業根據近期目標，制定年度績效目標和各部門的績效目標，即轉化「為了短期目標，每個部門的目標是什麼？」

第六步：日常管理與復盤。一般按季度績效目標進行復盤，即監控「企業的策略目標是否有效地被推動？」

第七步：回饋與修正。對策略執行的結果進行回饋和修正，必要時調整績效目標，即反思「實施什麼樣的調整，能更有效地推動短期目標和中長期目標的實現？」

第二種策略管理流程是經典參與式策略流程，這種流程適應經營環境比較穩定、單一企業不具有掌握能力的情形，企業須關注環境和自身競爭力的匹配性。這個流程策略與執行的邊界是清楚的，企業同時關注環境與關注自身，是大多數業務的策略管理方式。

這種情況下的策略管理流程如下：

第一步：外部環境評估。分析外界的變化和競爭對手的策略，即覺察

「外部環境發生了什麼重大變化？」

第二步：內部優勢評估。分析企業的優勢和劣勢，即思考「我們有什麼能夠抓住機遇的優勢？」

第三步：確定創新焦點。明確企業未來的策略和創新方向，即抉擇「權衡機會與優勢之後，在哪裡創新？企業的意圖和策略是什麼？」

第四步：明確企業目標。即企業未來三至五年的策略目標，澄清「實現了策略意圖後，成功的樣子是什麼？」

第五步：確定策略關鍵行動。一般按年度確定企業的重大變革行動，並形成行動方案，即轉化「為了實現策略意圖，今年應該採取怎樣的行動最有效？」

第六步：企業設計。根據企業中長期目標，建立正式企業的結構，即設計「為了實現企業目標，採用什麼樣的企業結構陣型完成任務？」

第七步：確定績效目標。一般按年度明確企業的績效目標，並層層分解成下級部門的指標，即明確「為了實現策略意圖，企業的績效目標應該怎樣建立和分解？」

第八步：日常管理與復盤。一般按季度對策略關鍵行動和績效目標進行復盤，即監控「目標和關鍵行動是否有效地被推動？」

第九步：回饋與修正。對策略執行的結果進行回饋和修正，必要時調整績效目標和策略關鍵行動，即反思「實施什麼樣的調整，能更有效地推動策略意圖的實現？」

第三種流程為實踐式策略管理流程（如圖4-4），適應於商業模式不成熟的早期市場。這個流程適合實踐自主型策略與實踐參與型策略，這兩類策略的流程是相似的，只是執行策略的節奏和策略的思維有差異，其中實踐自主式策略為追求主控地位，更加求快。這個流程的策略部分以商業模式設計為主導，透過行動系統快速執行，策略制定和執行的邊界並不清晰，二者快速疊代。

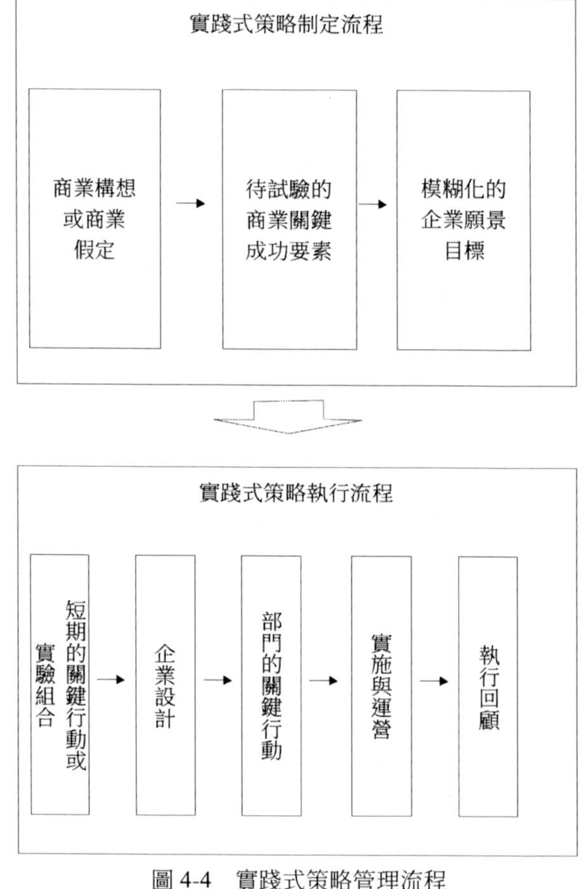

圖 4-4　實踐式策略管理流程

這種情況的策略管理流程如下：

第一步：基於商業環境的變化，產生商業構想。基於一個大趨勢判斷，企業產生一個商業想法，即暢想「未來會發生什麼，可能存在什麼樣的商業機會？」

第二步：探索關鍵成功要素。基於設計模式和商業構想，確定這個商業構想的關鍵成功因素和關鍵商業活動，即探索「具備什麼商業關鍵因素，我有可能完成夢想？」

第三步：產生模糊的願景。對未來的成功樣子有大致的輪廓，但也有很多不清晰的地方，策略在朦朦朧朧的狀態，即仰望「實現了商業構想，我大致是個什麼樣子呢？」

第四步：確定短期的行動方案。明確短期的試驗組合或關鍵行動，並明確其目標，即轉化「做什麼實驗或採取什麼行動，能最有效地推動商業構想，其根本意圖是什麼，如何衡量？」

第五步：企業設計。根據企業試驗組合和關鍵行動，建立正式企業的結構，即設計「為了推動關鍵行動和試驗組合，採用什麼樣的企業結構陣型完成任務？」

第六步：日常管理與復盤。一般按月度或季度對策略關鍵行動和績效進行復盤，即監控「關鍵行動或試驗組合是否有效地被推動？」

第七步：回饋與修正。對策略執行的結果進行回饋和修正，即反思「實施什麼樣的調整，能更有效地推進商業構想的實現？」

這種情況的策略管理流程到中後期，企業有一定的成熟度後，會有一定程度的調整，可能增加績效指標控制系統。

企業在匹配策略管理流程的時候，經常出現錯配現象。最主要的三種錯配如下：

自主性的錯配：參與型經典策略採用自主型經典策略流程，或參與型實踐策略採用自主型實踐策略流程，無論是過分地強調企業外部環境的影響力，還是過分低估外部環境變化對企業的影響，都是有害的。過分強調環境的影響性就會失去自主性，陷入毫無意義的徘徊和觀望；過分強調自控性，就會過於相信人定勝天，從而犯下冒進的錯誤。

計劃性的錯配：對於變化較快的業務，使用經典式的策略管理流程，導致業務的靈活性下降，企業僵硬，難以變通；而對經典型業務，採用實踐式策略，會導致企業沒有一致性，變化無常，執行效率低下。

控制系統的錯配：常犯的錯誤是對於要求快速行動的企業，仍然使用績效控制系統實施策略執行管理，對企業的協同性、行動的快速性帶來較大的挑戰。

四種策略類型和三種策略管理流程在同一企業中可以組合使用。如在傳統型業務使用經典式策略，在創新業務中使用實踐式策略。當創新業務發展到一定程度，行業結構穩定後，轉變成經典式策略。

企業應該根據自己的業務形態和所處的發展階段，決定自己的策略管理模式，並匹配不同的流程，這是強化策略管理能力的基礎。企業也可以上述四種基本策略類型和三種基本策略管理流程為基礎，組合並制定出適合自己的策略管理流程，並以此為基礎建立策略管理系統。

第二部分　企業策略的建構

第五章　環境洞察與分析

我們看一下最近20年全球前十大市值企業的排名變化（見下表），就會更加直觀地感受到這種變化。

企業市值排名	2000年	2010年	2019年
第一名	微軟	中國石油	蘋果
第二名	奇異	埃克森美孚	微軟
第三名	日本 電信電話公司	微軟	亞馬遜
第四名	思科	中國工商銀行	Google
第五名	沃爾瑪	沃爾瑪	臉書
第六名	英特爾	中國建設銀行	波克夏・海瑟威
第七名	日本 電信電話公司	必和必拓	阿里巴巴
第八名	埃克森美孚	滙豐銀行	騰訊
第九名	朗訊	巴西國家石油	強生
第十名	德國電信	蘋果	摩根大通

2000年的全球十大市值公司只有3家進入了2010年的十大市值排名榜，而到2019年排名榜上僅留下一家企業。行業分布也由以傳統的製造、能源、金融行業為主全面轉為以IT和網際網路為主。全球市值排名前10名公司的名單變遷，深刻地反映了過去20年全球經濟的劇烈變化。

今天的世界彷彿踩著風火輪在前進，企業對外部環境的感知和接受能力從來沒有像今天這樣面臨如此重大的挑戰。當變化成為一種必然，擁抱變化，感受未來，遠離舒適圈，就成為一種必須的選擇。

環境洞察是策略制定的基礎，環境洞察的品質決定策略制定的水準。任何企業策略都是以一定的環境假定為基礎的，企業必須辨識經營環境中發生的必須應對的重大變化，透過打造企業能力去匹配和適應企業外部經營環境的重大變化。宏觀環境的任何一個細小的變化，對於企業經營的影響往往都是根本性的。

2010年，某企業生產製造支持系統軟體提供商對生產製造管理系統的判斷是：行業處於高速增長的態勢，未來仍會有10年左右的高速增長期。基於這樣一個市場洞察，為了應對這10年的快速成長，企業決定人員由5000人擴張至10000人，成立100家分公司。2011年，該公司進入了大面積應徵和創辦分公司階段。但一年多下來，創辦的幾十家分公司只有三分之一左右營利，業績增長完全不符合預期。該公司又快速裁人，裁撤分公司，3年多的時間，策略上基本處於拉抽屜狀態。初步估算，擴張和合併導致的財務成本保守猜想達2億～3億元。可見，企業對環境洞察的一個失誤，會給企業帶來多大的損失。

一般情況下，企業的環境分析流程如下：

第一步：環境資訊收集。收集政治、經濟、社會、技術領域的重大變化和客戶、競爭對手的變化，即收集「經營環境中發生了哪些不得不應對的重大變化？」

第二步：市場機遇分析。利用SWOT等工具分析市場中發生的變化，並確定這些變化的性質，即判斷「這些變化對企業來說，是機遇，還是威脅？」

第三步：企業的優勢和劣勢分析。針對機遇和威脅，辨識企業的優勢與劣勢，即進一步判斷「針對機遇和威脅，哪些是企業真正的核心競爭力？」

第四步：篩選重大機遇。權衡企業優劣勢，篩選出核心關鍵機遇和威脅，即篩選「哪些是企業想真正抓住的關鍵機遇和必須應對的威脅？」

商業環境洞察與分析流程如圖 5-1：

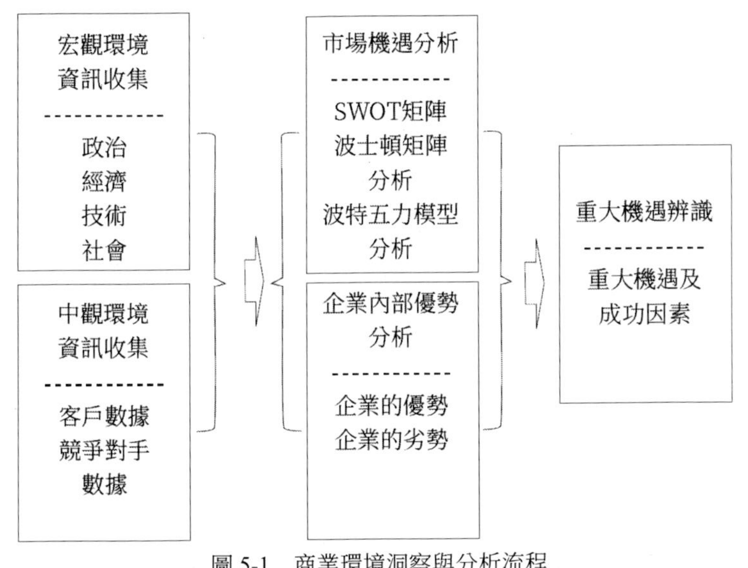

圖 5-1　商業環境洞察與分析流程

環境資訊的採集

幾乎所有企業在策略制定實施與變革過程中，都要對關鍵的資訊進行感知、解讀並採取行動。優秀的企業往往非常擅長辨識和運用能夠創造企業優勢的機遇資訊，並利用這些資訊在千變萬化的市場中取勝。

網際網路、人工智慧、雲端運算、大數據等數位化領域的創新和發展，使人們獲取資訊的方式也發生了根本性的變革。企業需要管理環境介面的變化，評估這些資訊的重要性，將資訊匯入企業，分析與發現眾多資訊的規律，將關鍵的資訊分享到企業中去，並使用資訊做出行動。企業須定期對所處商業環境的資訊進行全方位的收集。策略相關資訊的搜尋主要取決於平時的累積和有意識的準備。

企業必須建構相應的數據收集機制，確保收集資訊的全面性和有效性。負責收集資訊的人，須具備從大量市場中蒐集數據的敏感性，這種敏感性更多是來源於對業務的思考，資訊搜尋者須對資訊以及可能的商務影響建立連繫。

常見的數據結構模型一般是宏觀經濟環境資訊採用PEST模型，再考慮中觀層面的競爭對手的資訊和客戶變化的資訊。

PEST是企業所處宏觀環境分析模型，P是政治 (Politics)、E是經濟 (Economy)、S是社會 (Society)、T是技術 (Technology)。這些是企業的外部環境，一般情況下，企業只能適應，不能掌控。

政治環境因素指一個國家的政治制度、體制、方針、政策和法律法規方面的變化，如政治動亂以及法律法規、稅收政策、經濟開放和管制政策、貿易政策變化等。政治環境因素一般情況下較難預測，一旦發生，往往對企業經營有根本性的影響。

經濟因素是指國民經濟發展的總概況，是企業收集策略數據的重點。一般包括社會經濟結構 (產業結構、消費結構、分配結構)，經濟發展水準 (發展規模、速度和水準)，經濟體制，宏觀經濟政策 (主要指產業政策)，當前經濟發展情況和其他經濟要素情況 (利率、通貨膨脹率、人均就業率等)。

社會環境因素主要指一定時期整個社會發展的一般狀況。一般包括人口變動趨勢、社會流動性特徵、消費者心理特徵、生活方式變化、文化與價值觀變化等。

技術環境因素主要是指社會技術總體水準及變化趨勢，技術變遷、技術突破，以及對企業、政治、經濟社會的影響等。科技不僅是全球化的驅動力，也是企業的競爭優勢所在。企業在策略制定時的關注點在技術對產品和服務成本的影響、對產品創新的影響、對銷售和客戶接觸管道的影響、對生產方式和交付方式等的影響。

競爭環境因素主要指對競爭對手的現狀和未來動向進行分析。一般包括辨識現有的直接競爭者和潛在競爭者，收集與競爭者有關的情報和數據，對競爭者的策略意圖和各層面的策略進行分析，辨識競爭者的長處和短處，洞察競爭對手在未來可能採用的策略和可能做出的競爭反應等。

客戶層面因素主要指各種關於客戶的客戶特徵、需求變化、客戶價值方面的資訊，主要涉及客戶分類、客戶價值、客戶需求、購買過程和習慣、決策流程與影響、購買管道等。

趨勢分析與整理

企業在進行環境資訊整理時，最經常使用的工具是SWOT矩陣，有些時候也會應用到TOWS（道斯）矩陣（在SWOT矩陣中加入優勢和劣勢，並與機遇和威脅進行匹配的一種策略管理工具）。

SWOT分析法從八九十年代誕生以來，被廣泛應用於企業策略與競爭的態勢分析中。然而最近幾年卻不斷地出現質疑的聲音，關於SWOT矩陣的使用方法和使用範圍一直存在較大爭議。很多使用者指出：使用SWOT法不過是得出了一串長長的清單，沒有指出優先度，也不能對相應的組合給出建議。

使用者對SWOT工具的詬病主要展現在以下兩個方面：

標準過於廣泛：SWOT工具過於廣泛，工具使用者無法區別哪些資訊應該進入SWOT矩陣，哪些資訊不應該進入，無論是重要性，還是顆粒度，都較難判斷。

無優先評級：SWOT矩陣沒有優先順序評估，所有資訊都是平行的，使用者不能夠評估哪些機遇和威脅是該優先應對的，哪些可能只需要關注，哪些甚至不需要應對。大部分SWOT表格只不過是羅列了一長串的資訊清單。

事實上，發生這樣的問題並不是SWOT工具本身的問題，而是使用者沒有很好地掌握工具的使用技巧。透過一定的技巧完全可以避免SWOT工具使用過程中出現的問題。為了讓SWOT工具發揮最好的效果，在使用SWOT矩陣進行資訊蒐集的時候需要按照「採用結構化的描述格式 —— 對進入矩陣的資訊進行過濾 —— 重要性與優先性評估」三個步驟展開。

採用結構化的描述格式

為了確保進入SWOT工具的資訊的有效性，提高資訊整理品質，建議進入SWOT的資訊按以下資訊格式進行描述。

➤ **格式：**

發生什麼：對現象的客觀描述；

導致了什麼：導致市場（市場容量、成長性、利潤率、競爭程度、新興市場）發生了什麼變化；

是機遇還是威脅：機遇大於威脅，還是威脅大於機遇？

應用舉例：

發生了：對××傳統型商務旅館而言，「1990後」將在5年後成為消費主力，其市場份額大約占到整體市場份額的30%；

導致了：「1990後」喜歡的旅館產品（社交、現代、網路、時尚）與當時主流產品有顯著不同；

機遇/威脅：這個變化對××公司來說威脅大於機遇。

對進入矩陣的資訊進行過濾

一是影響性過濾。把非直接原因過濾，避免一個重大變化的若干間接因素同時出現在SWOT矩陣中。

二是重要性過濾。透過環境發展趨勢對市場容量、成長性、利潤率、競爭程度、新興市場的描述，讓使用者實際上對機遇/威脅的影響程度和優先性做了評定。

如「政府發布了某個檔案法規」、「行業出現了某個安全事故」、「某非洲國家政府發生了政變」，這三個資訊是不是應同時出現在SWOT矩陣中呢？實操中比較難做出判斷。

首先，這幾個資訊可能不是影響市場容量、成長性、利潤率、競爭程度、新興市場變化的直接原因，而只是兩個獨立的事件或者是間接因素；其次，這幾個趨勢可能導致的是一個市場變化，沒有必要同時出現。採用了這個描述格式後就可以有效甄別和避免以上兩種情況。以上資訊經過規範化整理後，結果如下：

趨勢一：行業出現了某個安全事故，導致安全自動化軟體的需求快速增長，預計國內市場至少會有30%的增長幅度。

趨勢二：政府發表了法律法規，要求必須提高安全自動化管理水準，導致安全自動化管理軟體需求快速增長，預計國內市場至少會有30%的增長幅度。

趨勢三：某非洲國家發生政變，安全部門領導人更換，他更傾向於我們的競爭對手，我們在某國的業績可能有較大影響，預計業績可能降低50%。

透過這樣的描述，可以看出前兩個趨勢導致了一個重大的變化，可以合併描述為「安全領域的需求受外界影響激增，預計至少保持30%的增長幅度」。

整合後形成兩個趨勢：

趨勢一：行業出現了某個安全事故，導致安全自動化軟體的需求快速增長，預計國內市場至少有30%的增長幅度。

趨勢二：某非洲國家發生政變，安全部門領導人更換，他更傾向於我們的競爭對手，我們在某國的業績可能受到較大影響，預計該國業績可能降低50%。

如上述例子中，透過結果描述可以知道，趨勢一是個重大的變化，而趨勢二可能是個小的變化，只要在經營措施裡採取對策就可以了，沒有必要在策略上應付。

重要性和優先性評估

評估維度	影響指標	影響程度			
		沒有影響	少許影響	較大影響	根本影響
行業影響力	1.市場容量影響 2.市場增長影響 3.利潤率影響程度 4.競爭激烈程度 5.產品價值影響 6.營銷模式影響				
公司影響力	1.公司份額影響 2.利潤率影響 3.產品競爭力影響				

在過濾掉一些冗餘資訊之後，需要對剩下的資訊根據其重要性和優先性進行排序，對市場影響力和企業影響力兩個維度進行重要評估，幫助企業甄別哪些趨勢更加重要，而哪些趨勢不那麼重要。

競爭優勢與劣勢分析

企業在明確了需要應對的外界變化後，需要進行內部環境分析，確定企業的優勢和劣勢，以匹配可能的環境變化。使用者往往錯誤地辨識了優勢和劣勢。

很多人都聽過「勇敢的牧童大衛」的故事。凶惡的非利士人來攻打以色列，索羅王率領軍隊和非利士人對抗，大衛的哥哥們也被徵召去打仗。大衛給哥哥們去送餅的時候，看見大力士歌利亞對著以色列軍隊大聲叫嚷：「你們誰敢出來和我打？不然的話，你們就全部做我們的奴隸。」

以色列人看著歌利亞，沒有一個人敢出去。只有大衛說：「神助以色列！」大衛說完，帶著彈弓跑出去迎戰。身穿鎧甲的大力士歌利亞看到出來迎戰的是一個小男孩，連盔甲都沒有穿，忍不住笑了起來。大衛拉緊了彈弓，「咻」的一聲，石頭打中了歌利亞的額頭。所有的人都嚇呆了，小大衛居然打敗了歌利亞。

在大衛和歌利亞的戰鬥中，看起來好像是歌利亞具備絕對的優勢。他身強力壯，具有豐富的戰鬥經驗，還穿著堅固的鎧甲。而大衛從來沒有上過戰場，身體單薄，不僅沒有鎧甲，甚至沒有像樣的武器。

然而，當我們轉換視角，就會發現面對歌利亞，大衛的弱勢恰恰是優勢。歌利亞當時已經是舉世聞名的大力士，另一個大力士對於他來講不一定會成為挑戰，但是大衛瘦小的身體恰恰具備歌利亞所不具備的敏捷靈活。尤其是歌利亞身著笨重的鎧甲，大衛的優勢更加明顯。大衛的武器是彈弓，可以遠距離攻擊歌利亞沒有被盔甲覆蓋的額頭，而因為攻擊距離很遠，歌利亞的鐵拳也毫無用處。

在這個故事中，身處劣勢的大衛擊敗了占盡優勢的歌利亞，雖然這個故事想要告訴我們這是上帝的神蹟或者是信仰的力量，但是我們用理智的眼光也可以看出，大衛很好地利用了自己的優勢並取得了勝利。

類似這樣的事情時有發生，由於人們看問題的視角不同，而造成了優劣勢的倒錯，基於此制定的策略也一定有很大的問題。那麼到底如何辨識企業的優勢呢？企業優勢應該符合以下三條要求：

一是難模仿性：策略優勢不是自說自話，應該是站在行業視角的客觀判斷，是業內的共識，和競爭對手有明顯的差異化，並且競爭對手很難模仿和超越。很多使用者經常想像出各種優勢，而這些優勢往往站不住腳，其中技術或專業優勢往往每次都被選中。

二是關聯商業關鍵成功因素：必須與關鍵成功因素有關係，能夠有效促進商業模式中的關鍵成功因素的改進，能夠給客戶創造價值。

三是有利於抓住機會或應對威脅：優勢是相對機遇或威脅而言的，與抓住某個機遇或應對某個威脅相關。離開了特定的機會和威脅，空談優勢和劣勢並無意義。企業的某些特徵對於某個機遇而言是一種優勢，對於另一種機遇而言，就有可能是劣勢。

既然機會是針對特定機遇和威脅而言的，在使用SWOT工具時，應該針對每個機遇和威脅辨識相應的優劣和劣勢。許多使用者沒有將優勢、劣勢與特定的機遇和威脅建立連繫，造成了分析的謬誤。

機會匹配與篩選

很多人都把SWOT工具用錯，把它當作分析工具。事實上SWOT只是一個資訊整理和幫助篩選的工具。資訊整理和幫助篩選是一回事，決策是另外一件事情。任何依據SWOT工具和TOWS工具進行決策的想法都是魯莽的，也是不可靠的。

SOWT矩陣的基本原理是用企業的優勢與商業環境中的機會和威脅相匹配。基本的匹配原則如圖5-2：

		內部 優勢	內部 劣勢
外部	機會	優勢 × 機會: 積極攻勢	劣勢×機會: 弱點強化
外部	威脅	優勢× 威脅: 差別化	劣勢×威脅: 防衛 /撤退

圖 5-2TOWS 矩陣

機會與優勢組合可得出「積極攻勢」提案，即利用企業的優勢去抓住市場的機會。

機會與劣勢組合可得出「弱點強化」提案，即改進企業的劣勢去抓住市場的機會。

威脅與優勢組合可得出「差別化」提案，即運用企業的優勢去消除可能存在的威脅。

威脅與劣勢組合可得出「防衛/撤退」提案，即採用撤退或多元化的方法迴避威脅。

某廣告會展公司經過對外部環境的整理，企業內部達成如下共識：

一是國際型的政府會議在未來會迎來高速發展的機遇，可能形成100億元市場規模，預計年增長率在30%以上。

二是網際網路領域仍處於高速增長狀態，市場規模將有50%左右的增長。

針對這兩個機會，企業內部討論時，提出了4條優勢：

① 背景和資信；
② 在廣告領域有技術優勢；
③ 在網際網路領域有一定的經驗和成功案例；
④ 會展領域市場地位第一，有多個大型會展經驗。

➤ **匹配分析：**

對於進軍政府領域的國內或國際大會展廣告這個機遇，只有①、④條可以稱之為優勢。對於政府客戶而言，背景是對企業信用和能力非常有力的背書，同時也是競爭對手不具備的；會展領域的市場地位和影響力以及大型會展經驗，對於開拓政府會展領域市場也是重要的優勢；廣告會展領域並沒有很強的技術壁壘，被津津樂道的廣告領域技術優勢，其實並不存在；對於政府客戶來說，網際網路行業的經驗也沒有什麼用處。因此利用①、④這個優勢是有較大的機率抓住國際會議高速發展的市場機會的，就是積極攻勢方案。

對於高增長的網際網路領域來說，企業雖然有一定的經驗，但是這種優勢沒有獨特性和差異性，不能算是核心優勢，因此必須創造新的優勢抓住機遇，如引入網際網路專業的行銷策略團隊、建立專門機構經營或基於網際網路場景研發產品和解決方案等，就是弱點強化方案。

第六章　管理業務組合與生態

好的業務生態不是簡單的業務堆砌，而應該像生態農業一樣，相互融合、互補和養成。在稻作——畜產——水產三位一體型農業生態中，種植水稻的早期開始養雞鴨，禾苗長大後，田中出現的昆蟲、雜草等為雞鴨提供飼料，動物的糞便可作禾苗的肥料，又可為水田中的紅線蟲、蚯蚓、水蚤及浮游生物提供食物來源，同時又給魚等提供餌料，從而實現生態循環。

業務生態規劃在企業策略制定中占有突出的地位，選擇和確定業務組合是策略的核心議題，策略是不同時空裡ROI（投入產出比）最高的策略。其中，空間有多個含義，不同的地區、不同的產品、不同的業務都是策略的時空；雖然在不同的時空裡，ROI是不容易量化的，但是站在「上帝視角」來看，ROI是客觀存在的，只是人類無法計算而已；策略則是由形成策略決策的商業洞察和匹配商業洞察的行動方案組成。

在實際策略決策中，業務組合問題又可以分為三個方面：

一是相互沒有關聯的業務投資組合方式；

二是具有關聯關係的業務投資組合方式；

三是關於產品的投資組合方式。

企業要正確處理不同業務和產品的組合關係，確保核心業務為企業提供現金流和利潤，成長性業務為企業提供增長點，透過創新業務進行與市場同步的商業試驗，為更遠的未來準備增長點。

華為公司一直非常重視其業務組合，華為現在有三大業務領域——營運商業務、企業業務、消費者業務，營運商業務是核心業務，消費者業務正由成長業務進入核心業務，企業業務正擔負起華為未來的業務增長點。而聯想公司除了PC核心業務已經進入成熟階段，成長性業務和創新性業務探索方面均沒有取得有效的進展，未來的增長空間並不樂觀。企業經營者必須十分重視和處理業務組合，時時進行與試驗同步的業務試驗，確保核心業務、成長性業務、創新性業務三者的合理組合，套用一句俗話就是：「吃著碗裡的，看著鍋裡的，想著田裡的。」

管理獨立業務組合

基於環境分析的結果，企業需要對不同業務和市場進行定位，以決定投資重點和方向。波士頓（BCG）矩陣（如圖6-1）簡單明瞭，可有效地解決多業務、多市場組合的投資問題。

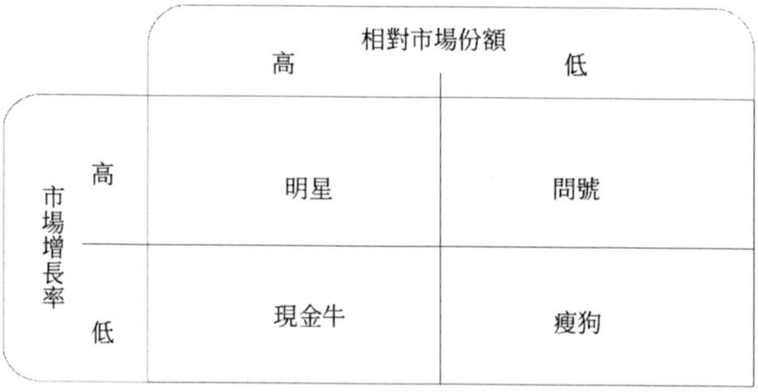

		相對市場份額	
		高	低
市場增長率	高	明星	問號
	低	現金牛	瘦狗

圖 6-1　波士頓市場增長率—相對市場份額矩陣

在波士頓矩陣中，由「市場增長率」和「相對市場份額」組成了四個象限，分別被命名為「現金牛」(Cash Cow)、「明星」(Star)、「問號」(Problem Child)和「瘦狗」(Dog)，形象地表明了其經營屬性。將不同業務放在對應的象限中，就可以確定其經營策略。

市場增長率低而相對份額較高的業務，屬於「現金牛」。這個象限的基本業務方針是維持低增長、高份額現狀。基本投資方針是保留最低限度投資為其他業務提供資金來源，所以稱作「現金牛」。將「現金牛」業務作為資金來源，投資給「明星」業務，同時對「問號」業務進行篩選，確定其中的重點產品，重點投入資金。「瘦狗」類業務由於處在低增長、低份額的處境，應迅速出售或撤退。

波士頓矩陣的應用範圍及使用策略

波士頓矩陣是基於「經驗曲線」理論基礎之上的。規模效應是商業世界裡的「萬有引力」，即賣出的商品越多，成本越低，競爭力越強，企業規模越大，進而形成正向循環。如果一個企業的某項產品或業務的市場份額是同行其他競爭者的兩倍，那麼該產品/業務可能有20%～30%的成本優勢，足以幫助企業在「低成本競爭」策略中脫穎而出，其未來的獲利能力就越強。在今天，規模優勢有新的意義，不但能帶來成本效應，還能帶來體驗效應。這就是波士頓矩陣的理論假設，並將它作為波士頓矩陣的一個維度。波士頓矩陣並不考慮不同業務的互補關係，只處理沒有關係的不同業務的投資組合，因此，有時候為確保整體業務組合的合理性和競爭力，可能做出與波士頓矩陣不一樣的決策。如在很多產品型的公司中，往往有諮詢類的業務，如IBM、華為、GE等。諮詢類的業務規模空間有限，依照波士頓矩陣分析角度，並不是一個好的業務。但諮詢業務往往可以提高企業的品牌力，並為其他的業務帶來機會，這時候業務的取捨就不能只考慮波士頓矩陣這一種分析維度。

管理波士頓矩陣的特殊形態

波士頓矩陣有三個特殊形態，值得特別關注。

月牙環形態（如圖6-2）：波士頓/GE（又稱行業吸引力矩陣）矩陣中各種產品的分布呈現月牙環形，則是一種理想的形態。在這種形態下盈利大的產品不止一個，這些產品的銷售收入都比較高，還有不少「明星」產品。「問號」產品和「瘦狗」產品的銷售量都很少。

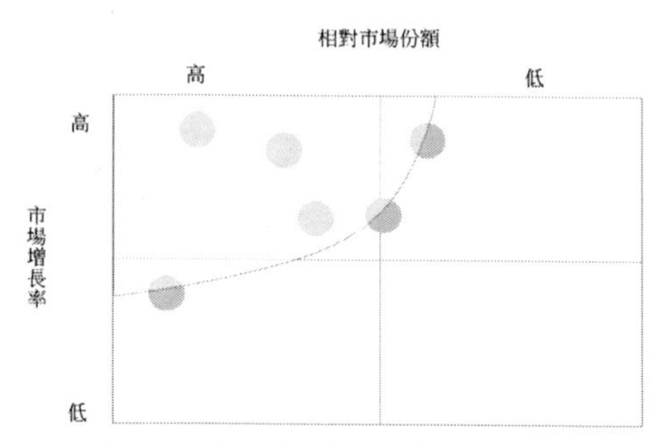

圖 6-2　月牙環形態的波士頓矩陣

散亂形態（如圖6-3）：若產品結構呈散亂分布沒有規律，或「問號」產品和「瘦狗」產品占比高呈反月環形態，說明其事業內的產品結構未規劃好。企業的投資邏輯混亂，未來的經營業績堪憂。企業需要重新梳理產品業務組合，放棄「瘦狗」業務，選擇「問號」業務並重點發展。

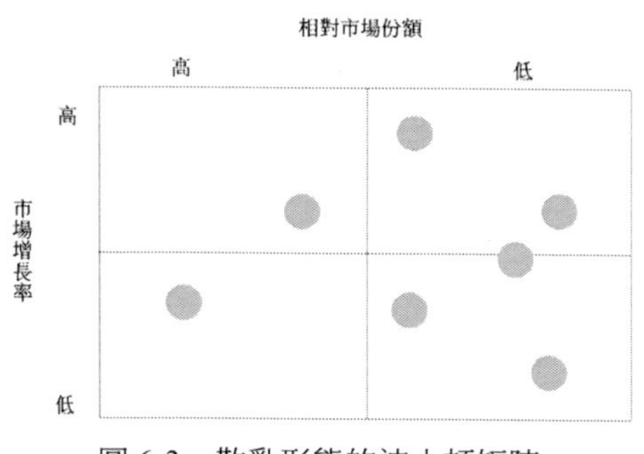

圖 6-3　散亂形態的波士頓矩陣

黑球形態（如圖6-4）：如果在高市場吸引 —— 高競爭定位的象限內一個產品都沒有，這時候就可以用一個大黑球表示。這說明企業未來對融資的要求和現金流的需求高，經營狀況惡劣。企業須嚴肅檢討其中可能的「現金牛」產品的演變趨勢以及是否有可投資的「問號」產品；對現有產品結構進行根本性的策略調整。若有可投資的「問號」產品，則實施融資或成本節約措施；若沒有，要考慮撤退，向其他事業滲透或開發新的事業。

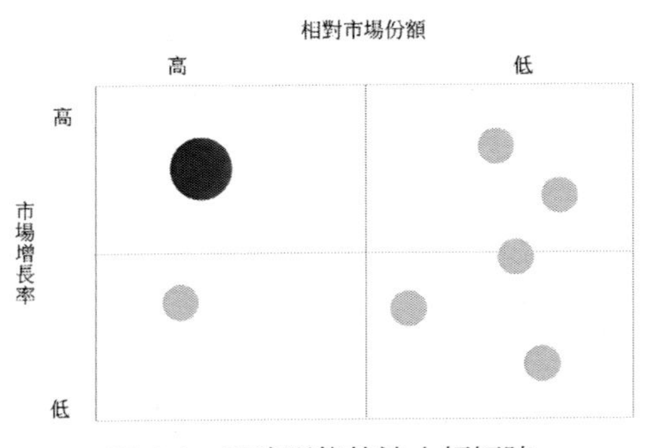

圖 6-4　黑球形態的波士頓矩陣

更新的業務組合管理工具GE矩陣

波士頓矩陣由於簡單明瞭，被廣泛地使用在業務組合的管理中，但是過分重視增長率和市場份額也成為波士頓矩陣的短板。越來越多的企業實踐證明：利潤不會隨規模增長而自然出現，無利潤的增長越來越常見。

為了克服波士頓矩陣的問題，美國奇異公司研究提出GE矩陣。GE矩陣對縱軸、橫軸重新進行了定義，分別為市場吸引力和競爭地位。採用九象限法，在兩個座標軸上增加了中間等級，增加了分析考慮因素，從而形成9種組合方式以及3個區域（如圖6-5）。

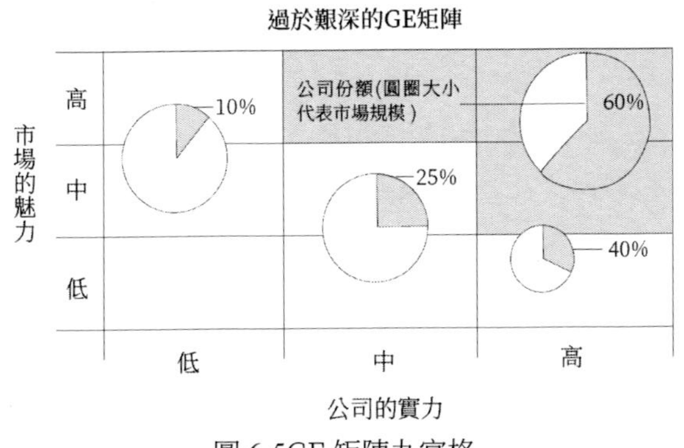

圖 6-5GE 矩陣九宮格

對於早期、高增長率、廣泛市場產品仍然可以使用波士頓矩陣，其他的情況下，建議採用簡化過的四象限的GE矩陣，按市場吸引力——競爭地位進行業務分析。

影響行業吸引力的因素有：市場容量、市場增長率、行業競爭結構、利潤率、進入壁壘、技術要求、週期性、規模經濟、資金需求、環境影響、社會政治與法律因素等。

規模指標在市場吸引力判斷中處於最重要的位置。如果只能看一個要素，那就是市場體量。企業必須判斷市場的有效容量，有些行業注定是體量很大，但集中度不夠高。這樣的市場不會誕生出較大的公司。面對這樣的市場細分領域，要降低規模在吸引力中的比重。

聽起來非常簡單，但答案卻是非常難得出的。有時候這種猜想會相差百倍以上。投入的合理性，取決於對市場體量的判斷。如果判斷對了，且儘早投入，就獲得了策略先機。如果判斷錯了，在一個不夠大的市場裡投入太多錢，或者在一個足夠大的市場裡投入不足，都會掉到坑裡。對市場體量的誤判在商業史上是非常普遍的，比如IBM的總裁小沃森曾經說過：也許5臺電腦就能滿足全世界的需要。

影響企業競爭實力的因素有：市場占有率、製造及行銷能力、研究開發能力、產品品質、價格競爭力、地理位置的優勢、管理能力等。在實際使用過程中，企業往往很難確定自己的競爭位置。絕大多數情況下，企業容易高估自己的位置。為了確保客觀性，我們可以以相對市場份額為主要的考慮指標。相對市場份額是企業的市場份額相對市場第一名的比例。這個指標是相對客觀的，企業可以在這個指標的基礎上進行微調。

企業內部一般需要透過腦內激盪的方法決定兩個座標軸的影響因素和權重，用於評價細分市場吸引力和競爭位置。

當我們完成上面的步驟以後，我們就可以對企業的業務進行細緻的分析，為每個業務模組制定策略發展計劃。企業可以綜合考慮各個業務模組的特徵，合理分配企業策略資源如何進行投入。有時候為了便於操作，企業可以將九宮格簡化成四象限（如圖6-6）。

圖 6-6GE 四象限矩陣策略

波士頓矩陣/GE是企業業績規劃的有力工具，企業要根據不同業務或產品不同的位置，確定不同的業務指標和增長幅度，有時候這種增長幅度往往差異很大。企業成本和人員是根據業績進行配置的，因此指標結構和業績增幅從根本上決定了企業在經營過程中的資源配置。

對於市場吸引力高、優勢低的產品和業務，一般情況下規模指標重於利潤指標，應該給以極高的業績增長指標壓力，以盡快抓住市場出現的機會，這時候企業應該關注極高的規模增長和在波士頓/GE矩陣中的移動速率。對於市場吸引力高、有一定優勢的產品和業務，往往有一定的規模，這類業務應該承擔市場增長和利潤貢獻兩方面的責任，應該同時承擔較高的規模指標和利潤指標。對於市場吸引力低、有優勢的產品和業務，這類業務主要貢獻利潤，不應該再承擔較高的規模增長指標，企業也不關心它在波士頓/GE矩陣中的移動速率。對於市場吸引力低，也無優勢的產品和業務，這類業務屬於投機性的業務，不主動投資，不承擔增長和利潤貢獻的主要責任。

很多企業在做GE矩陣時，經常出現各類產品和業務「糊」在一起的現象，這意味著不能實現成本在不同業務中的差別化配置，即意味著企業沒有實施有效的策略。這時候必須想辦法分開，必要時修改市場吸引力的指標內容或權重。

運用波士頓/GE矩陣管理業務組合

波士頓/GE矩陣的形態決定企業的經營品質，是企業經營情況的「天氣預報」，能夠提前預測經營結果。

以波士頓矩陣為例，正常發展態勢是「問號」產品階段——「明星」產品階段——「現金牛」產品階段，投資狀態是純資金耗費——投資收益共存——純提供收益的發展過程。這一趨勢移動速度的快慢反映了產品生命週期所能提供的收益規模大小。一般來說，移動速度越快，說明產品的生命週期短，則該產品為企業提供收益的總體空間小，持續時間短；反之，則說明該產品為企業提供收益的總體空間大，持續時間長。但如果產品在波士頓/GE矩陣內的移動速度過慢，在某一象限內停留時間過長，則說明該產品也可能沒有很大的發展空間，當然也可能是本企業的推進能力有限。

企業經營者的任務是透過進行波士頓/GE矩陣分析，掌握產品結構的現狀並預測未來市場可能的變化，進而有效地、合理地分配企業經營資源，發展企業能力，採取策略措施，推動現實的波士頓/GE矩陣形態向理想矩陣形態轉變，並透過一定的措施追蹤和管理這種變化過程。

某知名公司主要面向事業部門提供一體化展會解決方案。目前該公司的業務領域在政府、網路、醫藥、大健康、快消品、汽車、製造業7個行業。

該公司分析2018年各個行業業務細分市場的行業吸引力和競爭位置，繪製業務形態圖GE矩陣，如圖6-7。

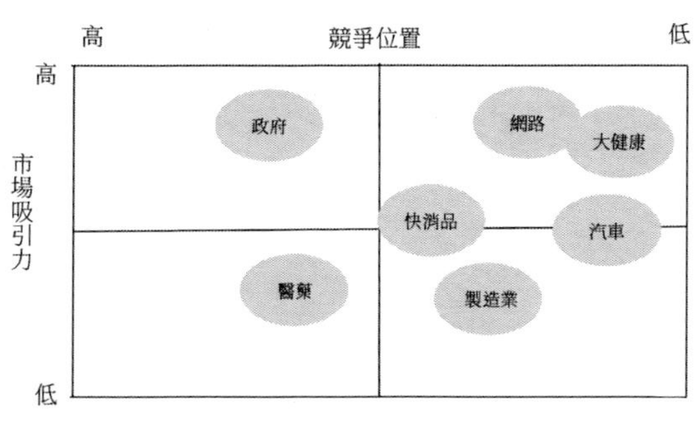

圖 6-7　某會展公司 2018 年業務形態

該公司因資本背景在政府行業具有優勢地位，其業務規模和利潤率均較好；網際網路客戶規模巨大，可望成為企業規模和利潤的增長引擎；醫藥行業增長停滯，但有穩定的業務量；汽車行業業務量巨大，但進入壁壘較高，利潤率低，目前該公司占據行業較少；快消品是該產品老業務，業務量穩定，但行業增長有限；製造業行業占比小，業務分散，利潤率低，增長有限；大健康行業是可能的未來明星行業。

經過協商，公司一致決定重點成立專門部門、增加人員和技術研發力度；重點投資支持「明星」業務 —— 政府事業部和「問號」業務 —— 網際網路事業部；謹慎地小規模投資「問號」業務 —— 大健康事業部；醫藥、快消品維持原業務狀態，貢獻利潤；裁撤合併汽車事業部和製造事業部，期望2019年的業務形態如GE矩陣圖6-8。

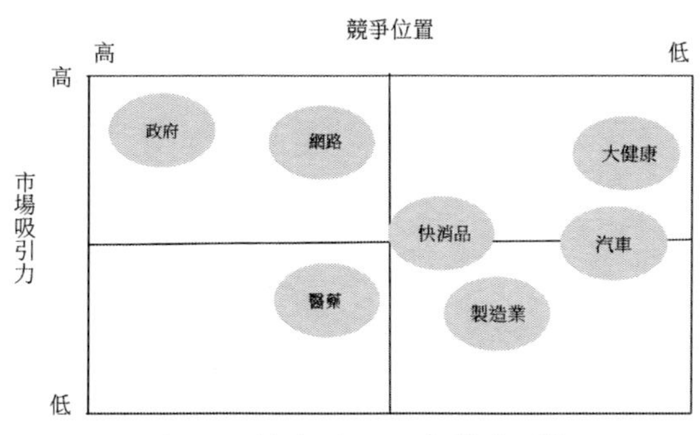

圖 6-8　某公司 2019 年業務形態

截至2019年末，該公司利潤增長約35%，遠高於行業8%左右的增長率水準。其中政府業務、網際網路業務均維持了較高幅的增長，增長率均高於50%，其他業務基本維持了10%左右的增長。年底覆盤，大家認為波士頓矩陣在業務定位和投資決策中造成了重要的決策支持作用。

影響企業投資策略的一個重要的因素是關於規模效應的判斷。不同產品或業務的規模效應是不同的，企業要特別重視規模效應大的業務，並明顯增加投入，盡快加大規模效應強的業務在波士頓/GE矩陣中的移動速率，否則將可能失去機會。

規模效應曲線一般分為三種（如圖6-9），一種是直線型的增長關係，一種是指數型的增長關係，一種是對數型的增長關係。直線型的增長關係說明業務的價值增長是和規模的增長成正比的，這個業務有一定的規模效應，盈利或企業價值一般隨著規模增長而增長，如傳統的2B業務。指數型的增長關係，一般指業務在突破某個規模拐點以後，業務價值和盈利能力會隨著規模增長呈幾何級陡峭式增長，如微信，過了拐點，就會迅速跟後面的同行拉開差距，這種規模效應的領域一般只會出現並留下一家企業，因此速度至關重要。對數型的增長關係是業務的價值隨著規模的增長而停滯，甚至降低，並且還可能出現反規模效應，如傳統諮詢業就是如此，很多諮詢公司往往是規模增長，但盈利往往不增長，甚至降低。

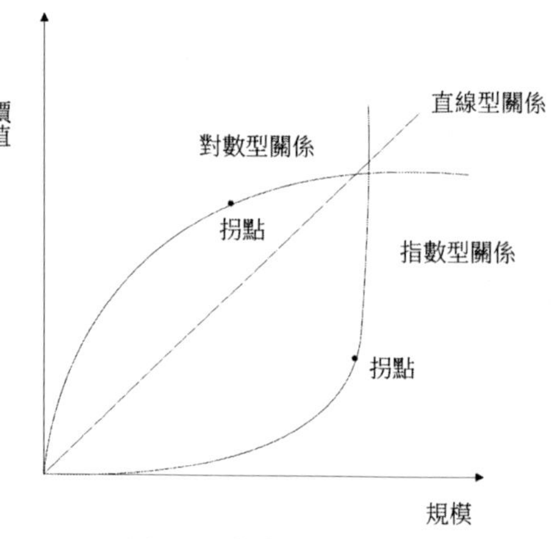

圖6-9　規模效應曲線

管理關聯業務組合

公司層面的業務組合設計一直是困擾經營者的難題。自20世紀世界經濟出現多元化發展趨勢以來，針對多元化的問題一直存在爭議。1980年代，彼得斯和沃特曼提出企業應以核心業務為基礎發展業務，而不應進入無序多元化，以有效解決多元化的業務組合所帶來的管理複雜度問題。其觀點很快被多家企業和學術界認可接受。

惠廷頓和麥耶經過多年的追蹤和研究得出了相似的結論，他們指出：多元化策略最初回報確實相當不錯，透過多元化集團企業的架構拓展多業務領域可能成為一條快速的致富道路，一般具有10年左右的豐收前景，其後往往有多個業務進入衰落、接管和分裂的險境。因此，他們二人提出：企業最成功的策略是相關多元化，即有限制的多元化。他們對相關多元化做了明確的規定：任何一項業務都不能占到銷售額的70%，而且不同的業務在市場和技術方面具有相關性。

古爾德、坎貝爾、亞歷山大等人於1995年在《公司層面策略》中提出母合優勢理論，母合優勢理論迅速成為集團公司處理多業務決策、設計多業務組合和收購決策的重要工具，受到企業界和學者的極大推崇。

母合優勢是指在母公司的統一指揮下，業務部門會比其作為獨立實體時表現得更好，並且創造的價值足以補償母合所產生成本。

母合優勢理論的核心觀點是：總部層面的策略定位主要是一個能力培育者。應將總部的策略技能或核心能力與業務單元取得競爭優勢所需的關鍵成功因素結合起來，確保總部能夠對業務單元的商業成功做出貢獻。總部若不能為業務提供母合價值，便不應該收購和多元化擴張。

母合優勢理論對於處理公司層面多元化業務有特別重要的意義，從業務關鍵成功因素與總部特徵的契合度、業務定位與總部的策略願景契合度兩個維度，提供了有效的操作方法。這對於企業避免各種打著「生態圈、一體化、平臺、整合」旗號的弱相關多元化或無關多元化陷阱，具有十分重要的意義，有助於幫助經營者克服多元化投資衝動。

基於母合優勢理論，有以下五類業務（如圖6-10）。

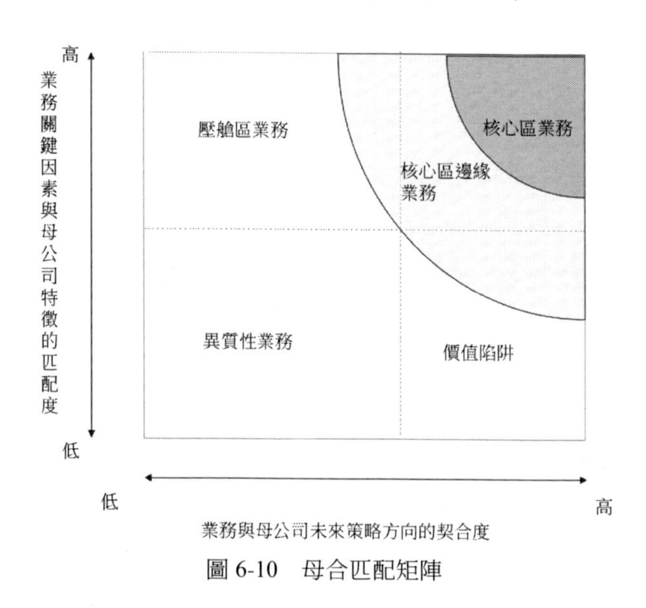

圖 6-10　母合匹配矩陣

一是核心區業務：是那些總部能夠幫助他們增加其價值而不會損壞其價值的業務，它們是未來策略的核心。核心區業務有利用總部優勢改善業績的機會，應優先發展核心區業務。

二是邊緣區業務：指總部對於該業務的綜合影響難以確定。該業務關鍵要素與總部特徵有一部分匹配，有一些不匹配。總部既可能做出貢獻，增加其價值，也可能使價值受損。邊緣區業務可能是過渡狀態，處於商業試驗過程中，有可能轉化為核心區業務，也可能需要淘汰。

三是壓艙區業務：是指那些與總部未來的策略方向不匹配，總部難以提供母合價值，但也沒有明顯衝突的業務。總部對壓艙區業務進一步創造價值的可能性比較小，這些業務如果獨立運作可能會更加成功。壓艙區業務往往會消耗總部的管理資源和時間，影響他們的價值創造空間。壓艙區業務可能提供現金流和收益，也可能是個拖累。如果沒有不利影響，一般應在合適的時間，透過合資經營、出售等方式進行處置，以降低對其他業務的影響。

四是價值陷阱業務：一般是總部曾經以為是公司未來的發展方向，但實際上該業務與總部的特性差異較大，總部對該業務的發展無法提供支持，反而會被該業務拖累。價值陷阱業務需要果斷放棄。

五是異質型業務：是指明顯不適合的業務，無論是願景還是關鍵成功特徵都與母公司不匹配，這些業務沒有什麼增值機會，而且它們的行為與總部有著很大的差異，這些業務該堅決退出。

某醫藥製造企業的願景是「做人類健康領域的一體化解決方案提供商」。

其主業是中醫藥製劑類業務，該業務目前正處於快速發展階段，還有其他的業務，分別是中醫藥飲片業務、小型醫療裝置業務、發展中的網際網路診療業務（即透過網際網路實現患者診斷和中藥銷售）、新進入的房地產開發業務等。

中醫藥製劑是核心區業務處於高速發展過程中，符合公司的價值主張和目標定位。

中醫藥飲片（指傳統中藥配方、熬製）業務處於試驗階段，屬於邊緣區業務。這塊業務與現有核心業務有母合之處，也有不匹配的方面。母合之處是可以共用銷售網路、原料採購管道等，可以有效地降低成本。但是中藥配方顆粒業務與飲片業務存在一定的競爭關係，未來伴隨細分市場的經營，有可能轉變成核心區業務。

網際網路診療業務目前處於商業模式探索階段，這個業務可能是價值陷阱，未來商業模式驗證的過程中需要觀察其商業模式中網際網路營運能力是否是關鍵成功要素。如果是關鍵成功因素，那麼與主營業務可能會產生價值觀與文化衝突，需要淘汰或者令其獨立營運。

房地產業務屬於異質型業務，該業務與公司的願景目標和母體特徵均不匹配，應該放棄。

醫療裝置業務屬於壓艙區業務，表面上看都屬於醫療和大健康範疇，但其目標客戶、生產管理、行銷體系與主營業務均不一致，母體不能為其提供價值增量，主要依靠其自身能力經營。要麼增強其經營自主性，要麼擇機出售或合資。

管理產品組合

所有的業務形態最終都需要透過產品將價值向市場轉移。大多數企業往往不會只生產一種產品，有效地管理產品組合成為企業價值實現的關鍵環節。

產品組合是一組不同卻相關的產品類目集合，它們以相互配合的方式發揮作用。產品組合的數量往往受到公司策略目標的影響。追求高市場份額、高占有率的企業往往產品組合的數量比較大，追求高利潤的企業往往會比較謹慎地擴充套件產品種類，選擇比較短的產品線組合。比如同樣是汽車製造業，大眾、通用等公司的產品組合數量就比較龐大，這些公司透過豐富的產品數量去占領不同的細分市場。企業建立產品組合的目標主要有三個：

➤ 目標一：建立新的產品線，實現顧客的縱向延伸。

每一家公司的產品都只能覆蓋某一個範圍的客戶，比如香奈兒的箱包就只是定位於高階客戶。但是企業出於種種原因，會選擇向上或者向下拓展自己的產品線，覆蓋更多的客戶。

向下拓展：定位於中高階市場的公司會向下拓展產品線，企圖吸引消費水準比較低的客戶群體。一般來說企業會出於三種原因將產品組合向下拓展。

一是公司可能注意到了低端市場巨大的成長機會。

比如巴黎萊雅集團在1996年收購了媚比琳彩妝，就是為了吸引消費能力還不太強的年輕女性，建立品牌忠誠與好感。媚比琳會同步使用巴黎萊雅集團高階品牌的研發成果。當這些女性消費能力逐步增強，她們會繼續選擇配方更好的巴黎萊雅、蘭蔻的彩妝。一些非常高階的品牌會推出一些價格比較低的產品也是這個目的。比如愛馬仕在2020年首次推出了口紅，就是為了吸引那些暫時還沒有能力購買愛馬仕服裝和箱包的顧客。

二是防止低端市場競爭者成長起來，與其爭奪中高階使用者。

比如華為手機的暢想系列和暢玩系列主打2000元人民幣以下的中低端市場，主要就是為了避免OPPO、魅族等低端市場競爭者成長起來，參與到高階市場的競爭中。

三是終端市場已經飽和，尋找新的市場機會。

在2007年前後，中國移動集團就意識到一、二線大城市的手機覆蓋基本達到飽和，市場增長空間有限。為了保持繼續發展，中國移動開始向內地城市和廣大農村地區擴充套件業務，一直將手機訊號站建到了內蒙古的戈壁灘和青藏高原上。為了開拓農村市場，中國移動專門針對農村使用者推出了許多服務計劃，比如提供農作物價格資訊服務、家禽養殖訊息服務等。

向上拓展：公司希望進入高階市場主要是為了實現更大的成長，獲得更高的利潤，或者希望自己成為一家全產品線的公司。

吉利汽車自2010年收購富豪汽車開始了自己的全產品線策略，2019年又成了戴姆勒汽車的第一大股東，直到2020年宣布吉利與富豪汽車公司進行業務重組，整合成一家在瑞典上市的新集團，富豪汽車、吉利汽車、領克和極星品牌都將屬於這家新上市公司。至此，吉利汽車完成了從中低端的吉利汽車到中高階的富豪汽車、蓮花汽車、Smart的全產品線覆蓋。

➤ 目標二：建立新的產品線，促進交叉銷售。

企業在行銷上的巨大成本之一就是獲取客戶，所以企業總是希望能夠想方設法利用客戶資源，實現利益最大化。一般來說，交叉銷售的產品設計適用於兩種情況：

第一種進入客戶週期較長，建立信任困難，銷售比較困難，多次交易才是最佳盈利模式，在產品策略上需要經營整合和研發多款產品或解決方案。保險公司、如新、賀寶芙等消費品直銷公司，還有軟體公司、諮詢公司等解決方案業務的公司都是這種情況的典型代表。因為獲取客戶的信任非常不容易，所以不斷地開發新的產品來滿足同一客戶的不同需要以此實現利益的最大化。

第二種客戶捆綁產品的需求非常明顯。這是產品形態決定的一種產品組合方式，有一些產品天然有很強的需求與另一種產品搭配購買，比如高露潔推出牙膏的同時也賣牙刷，聯想賣電腦主機的時候也會賣印表機。

➤ 目標三：建立新的產品線，分攤單個產品線的固定成本。

企業的固定成本基本不變，產品數量增多，基本營運成本被攤薄，分攤成本可能越低。企業營運總會有一些不可避免的營運成本，單一產品線負擔這些成本顯得過於吃力，企業會選擇增加產品組合來分擔成本壓力，實現利益最大化。

便利商店最大的成本是房租，所以經營成功的便利商店會想方設法增加店鋪的使用率，會在店鋪裡設定速食、咖啡機、ATM機、自助印表機等。麥當勞本來沒有早餐業務，隨著房租不斷上漲，為了利用店鋪的早餐時間，推出了早餐產品。航空公司的巨大投入是飛機，為了提高飛機的利用率，只有拓展新的航線和班次才能提升盈利空間。

產品組合多元化看起來十分美好，能夠提供更多產品，讓客戶有更多選擇似乎是一件非常不錯的事情。然而，就像所有美麗的東西一樣，越是美麗就越有可能是個陷阱。隨著產品的不斷增加，帶給銷售團隊的壓力也會越來越大，企業的各項成本不斷升高（設計成本、營運成本、存貨成本等）。更糟糕的是，過多的產品組合還會增加客戶選擇的成本，造成客戶選擇困難而放棄購買。

1997年蘋果公司瀕臨破產，賈伯斯回到了蘋果力挽狂瀾。他大刀闊斧地將蘋果15個桌上型電腦的電腦型號縮減到1個，將手提式裝置的型號也減少到1個，完全剝離了印表機及外圍裝置業務，減少了開發工程師的數量，減少了進銷商數量，將庫存降低了80%。他成功地幫助蘋果跳出了財務困境。賈伯斯說：「我的朋友詢問我應該購買哪一種電腦，她搞不懂各個型號之間的差別。然而我也不能給她明確的建議，因為我自己也搞不清楚。最後我們用Power Mac G3替代了所有的桌上型電腦。」

事實上當年IBM也曾經面臨這樣的局面。1993年郭士納接管已經是「風燭殘年」的IBM，發現IBM電腦和伺服器的型號種類如此之多，導致銷售人員完全說不清楚各個型號之間的差別，更加無法給客戶提出有效的建議。而售後服務團隊也難以完成如此多型號的學習，導致售後服務也難以達到預期，這讓無論是企業級客戶，還是個人使用者都與IBM漸行漸遠。郭士納上任後也進行了大量的產品精簡，才讓IBM得以重生。直到今天，IBM都還在延續這種「壯士斷腕」的傳統，發現一個產品不再是高價值產品就會毫不猶豫地立刻剝離。

既然擴大產品組合可能是顆金光閃閃的鴕鳥蛋，也有可能是個陷阱，那麼在進行產品組合的時候應該如何決策呢？應該主要考慮經濟性、產品生命週期狀態和管道承載力三個維度（如圖6-11）。

圖 6-11　產品組合影響因素

經濟性

產品組合的經濟性考慮主要包括市場規模和產品利潤。企業要透過市場規模來確定這是否值得企業投入的市場，要根據產品的利潤情況決定品目的建立、維持、收穫和放棄。

市場規模：企業決定新建一個產品，首先需要對這個產品的市場規模進行評估，看一看這個市場容量是否值得企業進行投入。比如一個千億級的企業如果要選擇新的產品線，那麼它就必須在兆級的市場中尋找機會。如果選擇在一個百億級的市場展開投入，就很有可能分散企業的資源，而且難以支撐企業的後續發展。

產品利潤：每家公司的產品組合都應該包含不同利潤的產品。有一些產品可能透過較低的利潤來提高銷量占領市場或者吸引客流，有一些核心產品保持平均利潤水準，透過產品差異獲得競爭優勢，有一些產品具有超額利潤。一般來說超市都會遵循這一原則：三分之一商品低於市場價格，三分之一高於市場價格，三分之一等於市場價格。近年來隨著電商的發展，很多家電品牌也會推出低利潤、低價格的電商專供款，在傳統管道走量的平價款和特殊定製的高階款。

管道承載力

管道方式建立以後，固定管道的承載能力是有限的，產品種類不是能無限增加的，管道上的產品到一定的承載合理範圍後，對後來推向市場產品的銷售推動能力往往是減弱的。除非另外建立管道，否則企業應保持管道通路上合適的產品數量，既不能太多，又不能太少。過多的產品會給銷售團隊帶來技能和時間的挑戰，給客戶帶來選擇困難，並且不利於在客戶終端建立強而有力的產品形象。過少的產品可能只覆蓋少數的細分市場，並且產品之間無法形成協同關係，無法形成成本分攤。

產品生命週期狀態

產品生命週期是指產品從準備進入市場開始到被淘汰退出市場為止的全部運動過程，是產品或商品在市場運動中的經濟壽命。商品由盛轉衰的週期主要是由消費者的消費方式、消費水準、消費結構和消費心理的變化所決定的。一般分為匯入（進入）期、成長期、成熟期（飽和期）、衰退（衰落）期四個階段。企業在建立產品組合的時候，需要盡量保證現有產品中有匯入期、成長期和成熟期的產品，以應對產品進入衰退期帶給企業的經營風險。

第七章　商業設計與創新

勇於創新的企業把創新當作企業的生存模式，當作貫徹始終的生存原則。它們總是保持自己的好奇心，不斷地學習，勇於嘗試，勇於失敗，不斷地尋找方向，探求方法，把每一次失敗當成學習的寶貴機遇，不拒絕一切可能性，隨時準備進入新的試驗。

策略制定的核心是創新焦點

企業在尋找創新焦點的時候，一般有四個方向，分別是產品和市場創新、業務模式創新、營運效率創新和商業模式創新（如圖 7-1）。不同生命週期階段的企業，對四類創新的關注側重點也不相同。企業越強調增長，越應關注產品和市場創新；企業越強調成本，越應關注效率創新；業務模式創新和商業模式創新既可以響應業績增長，也可以響應成本降低。

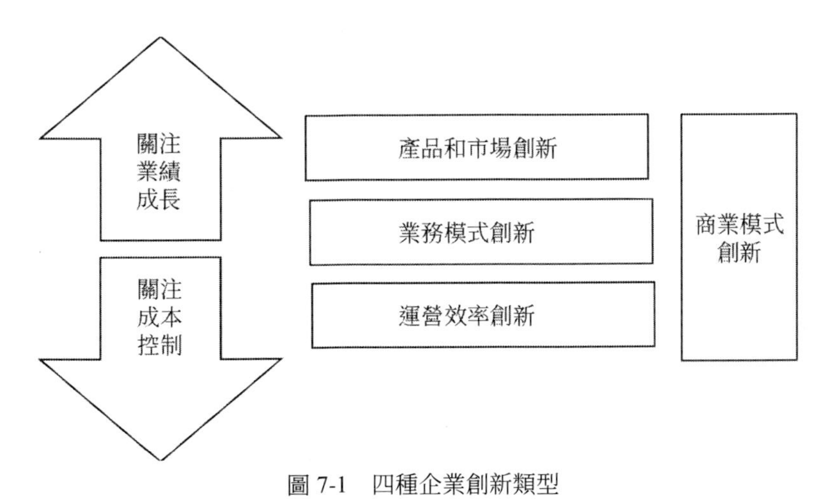

圖 7-1　四種企業創新類型

產品和市場創新，主要聚焦特定客戶群體的深度經營和進入新的市場領域，發展創新產品和服務，進入新市場並尋找新客戶，發展新的管道和交付路徑等。

業務模式創新，一般指發展新的業務營運方式，整合外部資源建立夥伴關係，改變交付方式快速響應市場，調整企業結構和業務流程等，提升業務靈活性。

營運效率創新，主要應用於改善核心職能領域的效能和效率，探索發展的最佳成本結構，最佳化流程或對流程進行再造以提高效率，對核心職能實施再造。

商業模式創新，是全網領域性、整體性的創新，可能改變企業的客戶定位、價值主張、創造價值主張的方式、成本結構和盈利方式。

麥當勞就是在這四個領域不斷尋找創新焦點，實現企業長期具有競爭力的典範。在我們大多數人的心中，麥當勞就是賣漢堡的，但是可能你想像不到麥當勞其實還是賣玩具的、賣農業技術的以及收租金的。

產品和市場創新：麥當勞最初是一家汽車餐廳，主打產品是可樂和巨無霸漢堡。當它進行全球擴張來到當時汽車文化並不發達的地方，它果斷地放棄了汽車餐廳，而是首先成立了針對孩子和年輕人的速食店。麥當勞餐廳不僅推出了帶有系列主題玩具的兒童套餐，還曾經推出了生日派對服務。當時很多孩子都曾經把在麥當勞辦一次生日派對當成自己的生日願望。麥當勞還在產品上設計了更受歡迎的勁辣香雞翅和勁辣雞腿堡。

營運效率創新：麥當勞幾乎可以說是全球企業中營運效率創新的典範。麥當勞透過建立自己強大的供應鏈系統，大大地降低了產品採購的成本。麥當勞還擁有非常完善的食品標準化生產流程管理和員工訓練系統，可以讓一個員工以最快的速度成長，達到餐廳的服務標準，也能幫助一家新的店鋪快速達到合理的營運水準。這給麥當勞的快速擴張提供了非常好的基礎。

業務模式創新：麥當勞的視野並沒有局限在製作速食上，而是延伸到整個產業鏈。麥當勞還是一家農業技術公司。舉一個例子，麥當勞公司購買相關農業技術，為農場提供馬鈴薯種植改良技術，假設過去1斤馬鈴薯賣5元，畝產只有6000斤，農民年收入3萬元，使用麥當勞的技術後，畝產從6000斤漲到2萬斤，每斤2元，農民收入增長了1萬元。農場企業很開心，但最大的受益者毫無疑問是麥當勞公司，因為單價從5元變成2元，部門採購成本大幅度降低。

商業模式創新：過去麥當勞將自己定位於一家速食公司。但是速食公司的利潤並不高，在股票市場上的估值也不高。於是在21世紀初，麥當勞對自己的商業模式進行了改造，變成了一個主要依靠加盟費和租金收益盈利的公司。得益於麥當勞強大的品牌和人流吸引力，麥當勞可以用遠遠低於市場的價格來租賃或者購買商舖。麥當勞往往會轉手將這個商舖租給加盟商，以此獲得租金收益。與此同時，藉助供應鏈優勢和在加盟商銷售中的抽成和加盟費，也能獲得非常可觀的加盟收益。根據麥當勞2016年年報顯示，麥當勞地產出租貢獻了50%的營運利潤，品牌授權占40%，而自營餐廳業務只貢獻了10%的營運利潤。不僅如此，當麥當勞從一家速食公司變成了一家平臺型業務與租賃業務為主的公司，其股價的估值也得到了大幅度的提升。

商業模式創新是最根本的商業創新

策略管理大師在策略樣式方面一直有一些爭論。一部分策略管理大師認為，在一個既定的商業環境中，有無數種可選擇的策略樣式，因此每一個企業的策略都是唯一並量身定製的；而以波特為代表的另外一些策略管理大師則認為，實際上只有少數的策略樣式可以選擇，基本的競爭策略樣式有三種，分別是低成本、產品差異化和目標集聚。

我個人認為企業策略有很多方面，競爭策略是企業策略的重要組成部分，但不是唯一的內容。尤其在今天，新商業模式下策略呈現出個性化越來越強的趨勢。

企業的策略，取決於商業模式的獨特的設計。無論是效率創新、業務模式創新，還是產品市場創新，實質都是針對商業模式中關鍵成功因素的深化。所以說，商業模式的創新是尋找和驗證創新焦點的最主要途徑，也是最重要和最有革命性的創新。商業模式描述了企業如何創造價值、傳遞價值和獲取價值的基本原理和過程，闡釋了企業經營的最根本的邏輯。商業模式創新已經越來越成為新的競爭方式。

對於重大的業務創新，須在前期進行商業模式的規劃和設計，以降低試錯成本。很多企業往往沒有進行商業模式設計就進入執行流程，結果進行大量的成本投入，試錯成本極高。

美國矽谷把這種沒有經營驗證的商業試驗叫做火箭發射式的創業思維。即在祕密的狀態下，進行封閉開發，然後在某一天宣布產品。就像火箭點火，然後快速放大，這種模式在網際網路泡沫破滅之前達到了頂峰。

WEBVAN（以下簡稱WB）是這種創業模式的典型代表。WB於1996年起步，其商業模式是生鮮電商O2O模式，線上訂單，線下配送。

這家公司於1996年底成立之後，花了大概3年的時間，封閉開發了一個龐大的倉儲系統，僅軟體就投入了1600萬美元。它們的倉儲系統極其先進，與現在的系統相比都不落後。這家公司1999年IPO，當時營收只有區區的400萬美元，但是籌集了4億美元的資金，市值最高點衝到150億美元。

電商行業的底層邏輯就是流量，流量大小會影響一個最重要的指標——倉庫的利用率，倉庫的利用率應該達到80%左右，才能形成營利模式。開業的第一個季度，舊金山大倉的產能利用率小於20%。後來經過調整之後，還是只有30%，遠沒有達到80%的盈虧平衡點。

但這家公司是怎麼做的呢？把舊金山的大倉在全美33個城市進行複製。舊金山的這個模式驗證成功了嗎？沒有，而且差得不是一點。苦苦支撐兩年，在燒掉了投資人多達12億美元之後，WEBVAN公司在2001年7月宣告破產。

這個模式就是我們所說的火箭發射。當你的商業模式根本沒有得到驗證的時候，就先去盲目地複製和放大。這種做法不但把這家公司背後的投資人拖入了深淵，甚至對整個行業也造成了巨大的影響。

美國的生鮮電商雖然在1996年就起步了，但是如今卻遠落後於中國，就是因為這個公司，整個美國風險投資行業十年不敢再去碰這個行業。

WB聯合創始人皮特瑞曼說：「問題的癥結就在於一級市場舊金山需要很長時間才能取得成功，而此時我們擴張的其他城市又在燒錢，今天看來也許我們當時的模式有可能會成功，只是我們都沒有等到那一天。」無獨有偶，2020年4月曝出造假傳聞的瑞幸咖啡、瀕臨破產的共享單車企業，也走在同樣的道路上。

2007年，美國電商領導廠商亞馬遜謹慎地進入了這個行業，成立了Amazon Fresh。財大氣粗的亞馬遜並沒有像WB一樣建立很多大倉。

它選擇以西雅圖作為試點。即使是西雅圖這樣的對新技術和服務接受程度比較高的地區，亞馬遜也只是選擇了幾個高階小區開始最早的實驗。而且它採取了會員制，客戶需要繳納299美元的會員費才能享受這個服務。這一措施有效地把對這個服務需求程度不高的客戶擋在了門檻之外。亞馬遜的這個業務到今天都沒有擴散到美國其他地區，因為它認為有項業務的關鍵引數還是沒有到位。

WB和亞馬遜的案例充分說明了商業創新需要用結構化的邏輯進行規劃與驗證，否則將面臨巨大的風險。

商業模式創新要素設計與實踐

亞歷山大·奧斯特瓦德和伊夫·皮尼厄在《商業模式新生代》中，提出了商業模式畫布的概念。他們按照九個構造塊進行商業模式設計，分別是：客戶細分、客戶關係、管道通路、價值主張、收入設計、關鍵業務、核心資源、重要夥伴、成本結構（如圖7-2）。這成為近年來企業經營者商業模式設計的重要工具。

<table>
<tr><td rowspan="2">KP重要夥伴</td><td>KA關鍵業務</td><td rowspan="2" colspan="2">VP價值主張</td><td>CR客戶關係</td><td rowspan="2">CS客戶細分</td></tr>
<tr><td>KR關鍵業務</td><td>CH管道通路</td></tr>
<tr><td colspan="3">C $ 成本結構</td><td colspan="3">R $ 收入設計</td></tr>
</table>

圖 7-2　商業模式畫布

客戶細分

客戶細分主要是定義誰是業務的關鍵客戶，哪些客戶是我們的服務範圍。客戶細分的維度有地網領域、人口特徵、使用行為、利潤潛力、價值觀/生活方式、需求動機/購買因素、態度和產品/服務使用場合等。清晰的客戶細分，是成功的商業模式設計的先決條件，客戶不清晰是導致很多商業試驗失敗的原因。

在以下情況下，必須進行客戶細分。

需要和提供明顯不同的提供物（產品/服務）來滿足客戶群體的需求；

客戶群體需要透過不同的分銷管道來接觸；

客戶群體需要不同類型的關係；

客戶群體的盈利能力（收益性）有本質區別；

客戶群體願意為提供物（產品/服務）的不同方面付費。

客戶細分是商業設計的基礎性問題，如果客戶細分不清晰，商業設計的價值主張、客戶關係、管道設計、收入設計等模組均無從談起，商業模式的整體設計品質難以保障，影響商業效率。

百度公司是中國搜尋領域的市場領先者。在PC時代，百度曾經設想進入內容網站領域。提出建議的人認為：百度擁有如此大的搜尋流量，為什麼不能將流量導向一個自己的網站呢？然而這個商業構想最終以失敗而告終。為什麼呢？百度公司透過試驗，發現使用搜尋框的人都是功利性的資訊使用者，他們使用搜尋的場景是有很功利的資訊收集需要，不會對其他的資訊感興趣，甚至會感到厭煩。而登入內容網站是另外一個場景，人們一般只有在百無聊賴或悠閒的時候才去網站瀏覽資訊。客戶細分的差異，消費場景的差異，決定了這個商業構想不能成立。

在傳統領域，後來者要進入先發者的市場，往往是從差異化的客戶細分開始的。

1980年代末，剛剛進入中國通訊市場的華為公司只是一家沒有核心產品、沒有背景、沒有優勢的「三無」型民營企業，中國通訊市場基本被歐洲和美國、日本等發達國家的公司壟斷。

在如此嚴峻的市場環境下，華為採取了「農村包圍城市」的策略，先從競爭對手不重視的偏遠地區入手。

與嚴峻的城市市場環境相比，任正非發現農村市場無人問津。由於偏遠地區市場線通行證件差、交通不便、利潤率低，聚焦於大城市市場的跨國公司根本不屑一顧。

比如，外企對黑龍江市場並不重視，整個黑龍江市場只安排了3、4名員工負責開拓。華為公司卻派出了200多人常年駐守黑龍江，對每個縣電信局的本地網專案寸土必爭，分毫不讓。與跨國公司的傲慢態度相比，平常很少見人的任正非，無論多忙總是抽出時間親自接見縣級客戶，這讓客戶特別感動。

華為在拓展海外市場時，複製了中國市場的成功經驗，從俄羅斯和非洲等國家開始，先進入電信發展程度較弱、競爭相對較少的國家，然後步步為營，積小勝成大勝，再攻占發達國家，逐步成長為知名廠商。

價值主張

價值主張是業務提供給客戶的獨特價值，獨特的價值主張是客戶選擇你的根本原因。價值主張需要描述提供給細分客戶的系列產品和服務。

評價價值主張的成功與否，主要從五個維度考慮，分別是剛性、市場容量、收益比、社交屬性、差異化。

剛性主要是指這個價值主張是不是客戶的剛性需求。需求越具剛性，其後的商業過程效率就可能越高。如果價值主張不具剛性，企業就需要花費大量的成本吸引客戶，轉化率也不會高，商業效率必然低下。

大家都說學習是一件很重要的事，因此成人學習應該是門很大很好的生意。但現實的情況是，成人學習領域只有少數的能夠規模化的公司。其根本原因就是成人學習不是剛性需求。需求不是剛性的，就意味著銷售過程是極其複雜的。學習是個痛苦又辛苦的過程，如果沒有升學和就業的緊迫壓力，大多數人都沒有學習的動力，這是企業培訓市場很難做大、市場集中度不高的根本原因。

成人教育市場只有極少數的細分市場需求是剛性的，一般都與證書有關係，如新東方所專注的英語培訓市場。新東方為什麼能夠做大呢？從商業模式層面看有兩個關鍵成功因素：一個是國際化交流增多，英語培訓市場需求量劇增；一個是新東方的各個產品與英語國際等級認證相連繫，如雅思、GRE認證，而證書市場是個剛性市場。因為有以上兩個關鍵成功因素的存在，才會有新東方的高速增長。

市場容量是指產品的價值主張對應的客戶群體大小和市場空間規模。根據波特的定位理論，要取得商業巨大成功，必須儘早地進入規模較大的可盈利市場。市場容量是商業設計的重要考慮要素，大量的創業專案的失敗往往就是對市場容量缺乏客觀準確的評估。

某電力無人機巡檢服務領域的創業公司有兩個核心產品，一個是透過無人機為電力企業提供巡檢服務，一個是提供無人機巡檢巢穴產品。巡檢巢穴產品可以讓無人機就近歸巢，充電和進行自動故障檢查，每個產品的報價都在50萬元以內，他們規劃該產品時信心滿滿，又引入了資本投資，期望3年內上市。

經過仔細測算，無人巡檢服務的真正客戶是邊遠地區的電網企業，大約每200平方公里部署一個無人機，多年無更換要求，無人巡檢服務的規模和巡檢巢穴均不可能規模化，樂觀猜想能達到每年1億元左右的收入，且未來沒有明確的可預期增長空間。這家公司的團隊規模200人左右，團隊的人力成本一年就要3500萬左右，扣除裝置製造成本和企業的行銷成本，這個專案是虧錢的，而且也看不到未來有盈利的可能。

收益比是指客戶投入了一定的成本，所得到的收益是否值得，也就是投入產出比的高低。如果投入了很大的成本，得到的收益較少，這樣的生意很難成功。這裡的成本不僅是金錢，還包括情感方面的、程式方面的和便捷性方面的。

黃太吉案例就能充分說明這個問題。2012年，黃太吉在北京建外soho開了第一家煎餅果子門市，創業之初的願景是想以煎餅果子為核心產品成為「中國的麥當勞」。店家創始人赫暢是曾浸泡過百度、去哪兒、Google的網際網路人，更是4A廣告公司的創意人。從2012年7月起，黃太吉開始了其炫目的炒作推廣，如美女老闆娘開豪車送煎餅。在那個微博發熱的時代，黃太吉透過微博炒作迅速走紅。2013年1月，黃太吉只憑藉更新款煎餅和立志成為「中國麥當勞」這一情懷，就獲得了數百萬元的天使輪投資。2015年10月，黃太吉宣布完成1.8億元人民幣的B輪融資。然而經過一系列令人眼花撩亂的炒作和產品更新，2019年3月11日，業內消息爆出黃太吉主體公司暢香利泰（北京）餐飲管理有限公司被北京朝陽區人民法院列入失信執行人名單，市場上再也看不到黃太吉的影子了。

黃太吉的失敗有很多細節值得研究，但是最根本的原因是它的創始人赫暢忘記了餐飲行業的核心價值是好吃。當顧客花了路邊煎餅攤一倍以上的價格買了一個黃太吉煎餅，卻發現口味遠遠不如街邊攤的時候，顧客慢慢地就不會再為它的炒作買單了。

社交屬性是企業在價值主張設計時必須考慮的重要方面，一個產品一旦擁有了社交屬性，客戶的替代成本顯著提高，使用頻率和依賴程度大幅提高，傳播更快，對於大眾產品有可能形成幾何級傳播，從而出現指數級的規模化效應。因此在商業設計的時候，我們經常要問「能否為產品加入社交屬性」？

曾經有個女生因為男朋友總是打遊戲而要跟男朋友分手。她下了最後通牒，讓男生在遊戲和自己之間做個選擇。男生在經過激烈的天人交戰之後說：「對不起，那我們分手吧。」女孩十分不甘心，問他「為什麼」，男孩斬釘截鐵地說：「為了部落！」

這樣的場景會讓每一個老魔獸玩家會心一笑。魔獸世界成為當年一個現象級的遊戲，與它的社交屬性的建立是分不開的。很多人就算不再熱衷於遊戲本身，但是仍然無法割捨在遊戲中與戰隊建立的深厚情誼。社交屬性的網狀關係形成客戶最大的轉換成本，就連女朋友的魅力都不能阻擋。後來的許多現象級遊戲如傳說對決、陰陽師也有十分重視社交屬性元素的設計。

差異化是指你的產品究竟能為客戶提供什麼不一樣的體驗或價值，客戶為什麼會為你的產品花錢？尤其對領域的跟隨者而言，塑造差異化是生存之本。

在2012年時候，淘寶的「雙十一」業績已經達到了350億元。騰訊作為電商領域的後來者，很多人都不看好它的前景。有人調侃說：「郵局人流也很多，但是誰會去郵局購物呢？」因為那時很多人對騰訊的定位還是個通訊軟體及服務供應商。轉眼到了2020年，淘寶的年度活躍消費者人數達到7.11億，拚多多為5.85億，京東為3.62億，唯品會為6900萬。騰訊是京東的大股東，拚多多、唯品會的二股東，以此粗略估算，騰訊系電商已經占了增量市場的百分之八十多。自2017年以來，騰訊開放了小程式的埠，微信的社交關係與大量的內容驅動了小程式的「去中心化」電商生態，成為一個開放式的電商平臺的平臺。幾乎每一位電商使用者都有在微信各類小程式購物的經歷。在同一個微信群中，大家以團購的形式採購商品，在微信群裡分享產品的體驗，在熟人之間傳播，形成了強大的帶貨流量。如果說淘寶是靠強大的平臺流量成功的平臺型電商，那麼騰訊就是立足社交的社交型電商。

管道通路

管道通道是指對於不同的客戶定位，企業使用什麼方法傳遞自己的價值主張，如何交付產品與服務，描述公司如何接觸其細分客戶而傳遞其價值主張。

我們設計管道通路時主要考慮五個方面，即速度、規模、效率、與客戶關係的適應性和可控性。速度即能夠接觸和發展客戶的時間快慢。規模是指能夠觸達的市場範圍。效率是指從接觸客戶至形成訂單的投入/產出比。與客戶關係的適應性是指這種管道選擇是否能夠達到產品和商業需要的客戶層級。如提供解決方案類的產品一般不能透過代理方式進行，因為這種生意相適應的客戶關係是策略性客戶關係，代理模式只適合產品型業務，與解決方案業務不匹配。可控性是指企業對管道通道的控制力。這五個方面是比較難以兼得的，企業須在其中做出選擇：選擇哪些？放棄哪些？

某版權課程的供應商，其主要業務是面向企業客戶和講師銷售版權課程。公司在創業前半年採用了自建銷售團隊的方法，半年下來只實現不到10個客戶的銷售，後來解散直銷團隊，改為發展代理商模式，下半年發展客戶50多家，業績有了根本性的改觀。

自建銷售團隊不利於速度、占領市場空間（規模），因為從接觸一個客戶至形成信任和成交訂單，需要一個較長的週期。因每單金額不大、週期長，最終的商業效率和盈利是不盡如人意的。自建銷售團隊的人員數量有限，培養週期較長，因此拓展速度緩慢。自銷模式唯一的好處是可控性較高。

而代理商模式在提高市場的覆蓋速度、提高市場接觸效率、提高市場覆蓋寬度三個方面有明顯優勢。代理商模式與自建銷售管道相比，是可控性較低的模式，企業應加大產品的研發力度，加快產品疊代週期，加強對代理商的過程監控。因為是交易型的關係，代理商模式是最適合的管道設計選擇。一方面，增加新的產品可以幫助代理商提高收入，代理商有很高的積極性；另一方面，代理商擁有現成的客戶資源和長期形成的信任關係，透過增加新的產品可以快速變現客戶資源價值，銷售過程時間很短，銷售效率很高。

在本案例中，代理模式比自建銷售團隊具有更高的效率，能夠觸達更大的市場規模，速度更快。銷售模式與客戶關係的要求匹配，這種業務需要透過長期服務建立信任，不是自建銷售團隊能夠完成的，唯一存在的問題是可控性低。

客戶關係

客戶關係是指本業務要求與客戶維持什麼樣的關係，如何進行有效的互動。

說起依靠與客戶建立牢固的關係而成功的商業模式，不得不提起小米。小米粉絲經營的核心價值觀是「和使用者交朋友」。小米的客服人員會及時對小米使用者的購物評價進行回覆。客服對客戶評論的回覆全是個性化、以朋友口吻進行的，也沒有生硬的官方話語，這讓每一個在小米官網上購買產品的人都感到暖暖的溫情，瞬間產生小小的感動，這種朋友般的溝通，帶來了全新的購買體驗，讓小米無形中增添了眾多粉絲，並產生了新的傳播。

MIUI作為小米手機的核心產品，MIUI社群將客戶定位於使用者、傳播中心和共同研發者。在MIUI的團隊看來，粉絲的意見就是產品的改進方向。在重要功能研發前，小米會在MIUI社群來做一系列的功能問卷調查，徵詢使用者的意見。粉絲們提出的改進意見被採納時，自豪、愉悅之情油然而生，就會自發地在各大社交媒體秀自己的「成就感」以及小米的「人性化」。為了進一步加強與使用者的互動，小米公司要求MIUI工程師每天至少在論壇上停留一個小時，同時對十幾個超級粉絲進行重點經營，定期舉辦線下的粉絲交流會。

小米產品的售後服務還採用米粉做客服。小米手機在口碑傳播上取得了極大的成功。很多購買小米產品的使用者都是朋友推薦的，當使用者在使用產品中遇到問題，第一時間就會找到推薦他們購買的朋友，這些米粉朋友就會造成客服的作用，大部分的問題經過資深米粉都基本得到了解決。對於使用者來說，問題及時高效得到了解決，自然高興；對於資深米粉來說，個人價值再一次得到了展現，產生了幫助他人的滿足感和愉悅之情，這種滿足感和愉悅之情，自然會引發新一輪的粉絲傳播。

收入設計

收入設計是商業設計的動脈，企業必須考慮針對價值主張可以設計哪些收入方式、哪些不應該設計收入、收費方式如何設計、什麼樣的支付方式更加便捷。既可以透過客戶一次性支付獲得收入，也可以設計經常性收入模式。

網際網路企業的廣告收入模式就是一個經典的商業設計。入口網站或購物網站針對C端免費以吸引流程，流量達到一定的規模後吸引B端客戶做廣告，從而形成盈利模式。免費模式是一種比少收費模式更具根本性的吸引流量的模式，這樣就極大地增加了網站流量。

誘釣式商業模式是另外一種經典的收入設計案例。在這種模式下，一般要推出吸引眼球的免費產品和低價產品，創造消費者初始瞬間消費衝動，形成初始購買行為，由於後續產品與前期產品有繫結關係，透過後續產品的銷售實現持續性收入，如印表機的收入設計，印表機免費而墨粉收費；如剃鬚刀收入設計，刀架免費而刀片收費。

在收入設計中，不要忽視支付方式對商業成功因素的影響。支付寶的發明是促成淘寶早期成功的主要原因之一，支付寶的邏輯是你下單時，貨款就轉移到支付寶，但並不支付給賣家，只有你確認收貨後，賣家才能拿到錢。這就解決了影響線上交易的信用問題。沒有支付寶的發明，就沒有淘寶今天的成功。

關鍵活動

關鍵活動是指實現價值主張、建立管道通路、維持客戶關係需要透過哪些關鍵活動實現，他們的優先性如何，哪些是商業模式的最重要的關鍵活動。對商業模式的關鍵活動和優先性的辨識特別重要，是企業制定策略的基礎，決定了企業的成本結構。

2016年4月，打著「好生活，沒那麼貴」的口號的網易嚴選上線了。它的價值主張是以嚴謹的態度為中國消費者甄選天下優品。為了實現這一價值主張，網易嚴選從產品選擇到使用者體驗設計了一系列的關鍵活動。

選品環節：嚴選的工廠都是為國際知名品牌做過代工，它們的生產、技術和管理都達到世界一流水準。

定價環節：所有商品售價遵循「成本價＋增值稅＋郵費」規則，去掉了高昂的品牌溢價，擠掉廣告公關成本，摒棄傳統銷售模式，使得價格迴歸理性，讓消費者享受到物超所值的品質生活。

品控環節：員工深入各個原材料的核心產區，從原料選擇到設計、打樣都與工廠保持密切溝通，這樣才能從根本上保證產品品質。

服務環節：嚴選為使用者打造極致購物體驗，提供遠超行業標準和國家要求的30天無憂退貨和2個工作日快速退款服務，讓使用者能夠放心購物。

網易嚴選的商業模式取得了巨大的成功，開創了電商平臺推出自有嚴選品牌，如淘寶推出了類似的淘寶心選。

關鍵資源

關鍵資源是指實現價值主張、建立管道通路、維護客戶關係、實現關鍵活動需要哪些人力、物力和財務方面的資源。

有些商業設計必須依賴特殊的資源，如諮詢行業、律師事務所對高水準顧問專家有極高的依賴；醫療、教育行業需要獲得行業準入許可；菸草行業需要有特許經營牌照；就連夫妻開個小吃店，也至少需要二人中有一個可以當廚師。網易嚴選作為網易投資的一個網際網路購物平臺，其前期的成功依賴於其擁有的巨大的免費信箱資源，億級的免費信箱成為其早期流量的重要來源，也是其優質低價的價值主張的保障。

關鍵合作

關鍵合作主要是指那些關鍵活動和資源哪些由夥伴完成，哪些由企業自己完成。企業的合作方式主要有：在非競爭者之間的策略聯盟關係，即聯盟方式；在競爭者之間的策略合作關係，即競合方式；為開發新業務而建構的合資關係，即合作關係；建立確保可靠供應的購買方，即供應商關係。

企業建構關鍵合作關係主要基於以下三個方面的動機。

商業模式的最佳化和規模經濟的運用。企業不求擁有，但求為其所用，企業自建並不比透過供應鏈合作的方式更具有成本和專業優勢。比如菜鳥的眾包物流。

減少進入未來不可能規模化和不熟悉的領域，降低風險和不確定性。如探路者收購綠野網，透過對戶外入口網站的整合來提升消費者體驗。

特定資源和業務的獲取。比如早期國際汽車品牌進入中國都會選擇合資建廠。

成本結構

成本結構是指實現關鍵活動、獲取關鍵資源、實現關鍵合作需要哪些成本和費用。企業須辨識與商業設計有關的最優成本結構，不能平均使用成本。關鍵活動的優先性和關鍵資源的辨識，決定了商業設計的最佳成本結構構成。

亞德里安·斯萊沃斯基等人提出，企業的能力類型有三種，分別是支持策略的核心能力或差異化能力、支持企業展開行業內競爭的必備能力、維持業務營運的基本能力。三種能力的投資策略如下：

能力類型	能力特徵	投資策略
與商業關鍵因素相連繫的核心能力	本公司區別於其他企業的可帶來獨特優勢的 3 ～ 6 項能力，與商業的關鍵成功因素相關聯。如領先的產品特性、獨特高效的銷售網路等	持續性投資，盡量做到業內領先
維持企業價值鏈生產所必備的業務能力	維持行業經營和展開競爭所需要的能力，通常指價值鏈的核心環節的能力，不能形成差異化優勢，但是企業提供商業價值所必需。如產品的生產、包裝、儲存等	維持營運，做到行業內次優
提供基本設施的基本能力	為企業核心價值鏈經營必需的基礎設施營運、服務支持等。如法律服務、房屋、基礎設施	能夠提供業務需要的基本條件即可

能夠表明對關鍵經營活動的優先性排序對商業模式成功和營利水準有較大影響的案例是諮詢行業。不同的諮詢公司經營者對諮詢行業關鍵商業活動的認知有很大差異，導致成本投入策略和結構的不同。有的經營者的重視諮詢交付和市場傳播，輕銷售；有的經營者重視市場傳播和銷售，輕諮詢交付。兩種不同的商業模式帶來規模和盈利的差異極大。

諮詢公司由於對關鍵活動的優先性辨識的差異，對於諮詢交付、市場推廣和銷售工作，會有兩種典型的成本結構：一種是交付、市場、銷售按7：2：1比例投放的成本結構類型；一種是交付、市場、銷售按5：2：3比例投放的成本結構類型。一般情況下採取第一種成本結構的諮詢企業，通常經營規模不大，市場知名度較小，盈利水準和客戶滿意度高；而採取第二種成本結構的諮詢企業，規模較大，市場知名度較高，盈利水準和客戶滿意度低。

諮詢公司作為最傳統的行業，不同經營者在最佳成本結構組合方面尚有如此之大的選擇空間，那麼在其他的業務領域，什麼才是與商業模式相適應的最佳成本結構呢？

企業辨識核心能力、必備能力和基本能力後，企業成本需要在三種能力中重新配置，必須避免兩種傾向。

避免平均分配成本

經過大量調查，這是相當數量的企業的成本分配方式，這種分配的本質是維持性經營，企業將成為市場的「平庸參與者」。這種成本分配方式可能迴避了內部資源的爭奪，表面上看是一種保險的投資策略，從長期看卻是最危險的投資策略。企業必須按核心能力、必備能力和基本能力的結構，實現有區別的成本分配。通俗地說就是「該花錢的地方要狠花，該省錢的地方要狠省，不能平均撒胡椒麵」。即使在企業需要控制成本的時候，也不能平行、等比例地消減成本，而必須做到有增有減，盡量維持對核心競爭力的投資。

警惕重硬輕軟

大部分企業願意做實物型投資，如採購裝置、廠房，不願意進行軟體性投資，如培養人才和開發技術，因為購買裝置放在那實實在在，讓人覺得心裡踏實，沒有投資風險和決策壓力；花錢做科技研發、諮詢或者開展人才培養專案，短期效果可能看不到，總擔心投入都浪費了，這是非常危險的現象。

1998年，當時還處於業務飛速增長階段的華為，罕見地拍出20億元人民幣的天價諮詢費用（相當於華為公司一年的利潤），邀請IBM前來實施包括IPD（整合產品開發）、ISC（整合供應鏈）等在內的8個管理變革專案。任正非的目的是把華為由一個「作坊式管理」的公司，變成「世界一流」公司。儘管諮詢專案推進過程中遇到不少挑戰，一些內部員工也發出了諸如「IBM的管理流程不符合國情和華為的實際情況」等牢騷，但華為公司堅定不移，在為期5年的一期專案結束後，繼續推進價值20億元人民幣的二期專案。在這項為期長達10年、花費高達40億元人民幣的諮詢專案結束的2008年，華為成為與Nokia、西門子和愛立信四足鼎立的IT大廠之一。

因此，勇於並擅長在人才、科技、管理改進等軟實力上投入成本，建構核心競爭力，才是優秀企業與一般企業的核心差距。那些卓越的公司，總擅長投資在軟實力上，並堅持不懈。

商業設計的整體領先性評估

商業模式設計成功的關鍵不僅是掌握各個要素的操作要點，更重要的是把握各個要素間的一致性和契合度，從整體上對商業創新的結果進行一致性和效果的評審。這些評審一般從三個方面進行：一是看這種商業模式是否符合商業的基本規律，二是看商業模式的不同要素是否契合，三是看這種商業模式的總體效果。

商業模式的根本規律審查

亞歷山大·奧斯特瓦德和伊夫·皮尼厄等人在《商業模式新生代》中提出，本質上存在三種最基本的商業模式，其他都是三種經典模式的組合和擴充套件。這三種經典的商業模式分別是：產品型商業模式、基礎設施型商業模式、客戶管理型商業模式。三種商業模式的關鍵成功因素如下：

驅動因素類型	產品創新	客戶關係管理	基礎設施管理
經濟驅動因素	更早進入市場，獲取溢價價格，速度是關鍵	獲取客戶成本高，範圍經濟是關鍵	固定成本高，規模經濟是關鍵
競爭驅動因素	人才競爭 進入門檻低	針對範圍而競爭 快速鞏固 寡頭占領	針對規模而競爭 快速鞏固 寡頭占領
文化驅動因素	以員工為中心 鼓勵創新人才	高度面向客戶 客戶至上心態	關注成本 可預測和有效性

這三種基本的商業模式用到經濟學的兩個重要的概念，分別是規模經濟與範圍經濟。

規模經濟，即透過一定的經濟規模形成的產業鏈的完整性、資源配置與再生效率的提高帶來的企業邊際效益的增加。產品型和設施型商業模式透過規模而取勝，規模大，成本低，從而贏得競爭。

範圍經濟，指企業透過擴大經營範圍，增加產品種類，生產兩種或兩種以上的產品而引起的部門成本的降低。與規模經濟不同，它通常是企業或生產部門從生產或提供某種系列產品（與大量生產同一產品不同）的部門成本中獲得節省。客戶管理型商業模式就屬於範圍經濟。由於客戶進入成本高，這種商業模式透過多次交易而降低每次的交易成本，提高盈利性。對於這種類型的生意範圍比規模重要，如果只追求規模，而沒有範圍，必然大而不強，盈利能力極差，傳統諮詢領域就是典型的範圍經濟。

商業模式契合性審查

商業模式的不同要素要相互契合，不能產生矛盾和不匹配之處。小米手機前期的價值主張是優質低價，因此放棄線下店等高成本的管道通路設計；凡客誠品的價值主張也是優質低價，剛開始的時候使用的全是高成本的方式，如明星代言、高頻廣告、高酬傭推廣等。前者不同的商業要素之間是一致的，而後者是矛盾的，這決定了後者的商業模式不具有持續性。

例如，所有產品的商業設計必須平衡產品複雜度、收入設計和管道通路之間的關係。如從軟體行業的業務實踐來看，一般來說5萬元以下的產品，僅能選擇電話銷售、網路銷售和銷售人員自行銷售這樣的商業設計；複雜產品，面對面多次交流才能實現銷售，且需要技術支持的情況下，商品單價一般不應低於20萬元，才能形成盈利。

商業模式的總體效果審查

什麼樣的商業設計更具有領先性或較強的盈利能力呢？根據研究，較好的商業設計往往具有以下一種或多種特點。

客戶轉換成本：客戶的轉換成本包括程式性轉換成本（指學習、採購、建立、給客戶感知等方面的成本），財務性轉換成本，關係性轉換成本，這三種成本越高，商業模式越優。如微信、QQ這些社交軟體，難以替代的最重要的原因是關係轉換成本過高，一旦形成社交網路，人們很難替換；而我們經常使用的各種管理軟體系統，通常也難以替換，這是因為管理軟體的作業系統學習成本過高、轉換成本高。

循環收益：在一個客戶上交易的次數越多，商業模式越優，前期的獲客成本可以被攤薄，後期的銷售成本可以大大降低。比如汽車，購買了汽車就需要源源不斷地購買售後服務和配件，所以汽車廠的裸車可以基本不賺錢而靠附加的銷售實現盈利。

收入與支出：先收入後支出成本的模式優於先支出成本後獲得收入的模式，先有收入後發生成本意味著商業模式拓展的財務約束基本可以忽略不計。比如很多美容院、美髮廳都喜歡向客戶推銷儲值卡，各種線上學習平臺都是先付費後學習。

成本結構領先性：如果商業模式的成本比同行低30%左右，可以大大提高競爭優勢，這意味著你與競爭對手有著不同的成本結構。微信通話網路流量收費的成本結構與傳統電話流量收費的成本結構完全不同。

創造價值的免費：商業模式中沒有人為你免費地創造價值。如現在很多影片、音訊APP都提供免費的內容，有非常可觀數量的免費內容提供給非付費會員，但是這些非付費客戶不僅僅是潛在的付費客戶，同時巨大的流量可以給網站帶來廣告收益。

拓展性評估：商業模式拓展的邊際成本是否會變得很低，甚至接近於0？這樣的商業模式的拓展沒有限制。如人員型銷售是個反例，銷售收入的增加與人數的增長呈線性關係。而具有人際關係屬性的商業，後期會出現指數級的規模化擴張可能性，拓展的邊際成本極低。

建立商業壁壘：商業模式設計能否將企業與競爭對手區隔開來，形成獨特的競爭優勢？天貓在商業模式設計上十分注意生態體系建設，形成了在電商領域難以被複製的優勢。而天貓的老對手京東利用重資產投入建立了自有物流，也讓它具有了其他電商對手所不具備的物流優勢。這樣的商業模式設計會讓「貓狗大戰」永遠進行下去，但是其實貓和狗都有自己的地盤。

優秀的商業模式往往符合基本的商業規律，商業模式的多個要素間一致，並具有優秀商業模式的一個或多個特徵。

SaaS（軟體即服務）應用模式最近幾年風生水起。傳統安裝軟體模式下，供應商在獲取客戶時，一次性收取軟體使用費，現金流為正，當期產生利潤。在「訂閱式」的SaaS模式下，客戶按服務分期付費，在獲取客戶的第一年現金流是負的，如果只使用1年，就會鉅虧；使用2年，有一定虧損；使用3年，才能夠追上傳統軟體的利潤率；客戶使用的年分越長，其利潤水準越高，最終將遠超傳統軟體。因此前期低收費或免費的訂閱模式，或者說誘釣模式，可能是天使，也可能是魔鬼，持續付費率是這種商業模式的核心。營運得當，未來產生超額利潤，但控制不力，未來就是巨大虧損。這種商業模式大概有一個基本的規律，在前期有一定現金流支持的情況下，客戶的全生命週期價值應該大於3倍的獲客成本。

對於SaaS的核心策略選擇和營運一直存在一個根本性的爭議：SaaS是應該做「標準化、小客戶」，還是「個性化、大客戶」？從商業模式本質看，大客戶、大訂單和持續付費，才是更優秀的商業模式，如果能夠疊加範圍經濟概念，進入個性化業務，商業模式就更有潛力。因為企業對小客戶的經營深度一般不可能深，其持續付費意願不強，持續付費存在困難，並且如果採用線下拓展方式，其獲客成本不能有效降低，從整體上看，客戶的全生命週期價值應小於3倍的獲客成本；要進入小客戶，除非找到成本更低的獲客方式，或產品具有剛性和黏性，能夠延長客戶的持續付費時間和提高持續付費率。

在這個案例中，展現高效商業設計的多方面的特性，如SaaS商業模式「個性化、大客戶」的商業設計，從總體上看，這種設計既符合設施型生意的特點，又符合範圍經濟的特徵。商業設計中考慮了持續收入和循環收費的特點，有效地在商業模式創新中利用了誘惑模式。客戶選擇、產品定位與商業關鍵活動及獲客成本相協調，是商業模式成功的關鍵，其中維持市場拓展成本低於客戶全生命週期的價值的1/3，是重要的商業控制點。

第八章　企業願景與目標

「過去20年中達到世界頂尖地位的公司，最初都具有與其資源和能力極不相稱的雄心壯志。我們將這一令人著迷的事物定義為策略意圖。」

——〔美〕加里·哈梅爾、〔印〕普拉哈拉德《公司的核心競爭力》

企業的願景引領性

企業願景是企業未來的目標、存在的意義，也是企業的根基所在。它回答了企業為什麼要存在、對社會有何貢獻、它未來的發展是個什麼樣子等根本性的問題。所謂願景，是由企業內部的成員所制定，藉由團隊討論，獲得企業一致的共識，形成大家願意全力以赴的方向，反映了建立企業的初心，是企業的策略意圖。好的願景能夠為企業的員工提供指引，從而提高員工的積極性和使命感。

1980年代的一本經典著作《公司文化》中講述了這樣一個故事：一個路人經過一個工地，看到許多工匠在那裡打鑿石頭。他問第一個工人「你在幹什麼」，工人說「我在打鑿石頭」；他又問了第二個工人同樣的問題，這位工人興奮地說「我在修造教堂」。這兩種回答是截然不同的，第二個工人知道自己為什麼打鑿石頭，並表現出更高的投入度，這就是企業願景的力量。

好的企業願景不僅能凝聚人心，而且能幫助企業迴避前進道路上的各種誘惑和陷阱，有效地指導企業的策略，指引企業每個人的行為。華為公司一直有一個說法，就是策略力量不應該消耗在非策略點上。那麼什麼是「非策略點」，依據什麼判斷呢？判斷的依據就是策略意圖，策略意圖是企業的一個長期目標和奮鬥方向，也是企業業務取捨的依據，是成立公司的初心。如果沒有這樣的策略意圖作為準繩，企業就非常可能掉入無關多元化的陷阱，分散企業的策略資源。

玻璃大王曹德旺可以說是大名鼎鼎，他是目前全中國第一、世界第二的玻璃製造商福耀集團的創始人和董事長。福耀的理念是：「為中國人做一片自己的玻璃，為汽車玻璃做典範。」福耀集團現在已經做到了頂尖，在中國，每三輛汽車中就有兩輛汽車玻璃是福耀造的。

創始人曹德旺於1976年進入福州福清市高山鎮異形玻璃廠當採購員。43年來，曹德旺真正做到了只做玻璃，其他行業一概不去涉足，這在商界是很難得的一件事。不是沒有人勸他去做別的領域的事情，但都被他拒絕了。在一次訪談中，曹德旺說，直到今天，仍然每天有很多人給他打電話發簡訊，勸他去別的領域發展一下，比如房地產之類的，他都拒絕了。他說他自己一生只能做好一件事，那就是做玻璃。

曹德旺也曾經動搖過，當時的一本書改變了他，那就是《聚焦法規》。他在最迷茫的時候看到了這本書，這本書讓曹德旺恍然大悟，於是他決定，以後就好好做玻璃，不去管其他的。也正是因為他的堅持，才能讓福耀集團取得如今的成就。我們也要學習曹德旺這種精神，不要朝三暮四，下決心去做一件事，就一定會取得成功的。而能夠讓我們堅持初心不變的，就是企業的使命和願景。

企業的使命和願景不是空洞的大話，必須反映如何獲得可持續的、占優勢的領先地位，表明企業的長期的可持續的獲利能力來源。企業的願景須具有綱領性意義，成為企業的感情契約，現實且有挑戰性。

如某7-11供應商的願景是，「成為具有市場前瞻研究能力的供應鏈管理公司，助力7-11成長」。該目標定義了企業的未來的方向是有前瞻性和研究能力的供應鏈公司，提高供應鏈管理水準和建構市場研究能力是企業的長遠競爭力所在，這樣的企業願景可以協同和統領不同部門的工作，造成感情契約作用，現實並具有挑戰性。

策略目標制定與實施

企業願景要透過策略目標的實現得到落實。策略目標能夠反映和描述企業願景實現以後的樣子，是衡量策略方向在指定時間內完成情況的具體的、可量化的和可實現的指標。

一般情況下，企業的策略目標必須滿足以下三方面的要求。

一是符合SMART原則：即具體的、可量化的、可實現的、相關的、有時間期限的。

二是現實且具挑戰性：目標須現實，但要有挑戰性，以激發企業的熱情，集中一切能量和資源，不顧一切地達成目標，造成資源聚焦作用，塑造企業的執行文化。

三是適應性：須反應商業模式創新、產品和市場創新、營運模式創新和效率創新實現以後的樣子，既有財務成果指標，也有遺贈指標（即反映核心能力建設的成果指標，表徵企業經營品質和長遠競爭力），指標結構應與抓住市場機遇和核心競爭力建設全面適應。

現實中的很多企業目標，僅包括收入額和財務指標。企業的策略目標應同時反映財務指標和核心競爭力的指標，前者如收入規模指標、利潤率指標，後者如人效指標、市場覆蓋性指標、範圍經濟性指標等。

策略目標在描述財務目標的同時，須反映企業透過有效的、合理的、靈活的營運模式和商業創新贏得現有市場的增長機會，同時反映核心能力建設的結果。

企業的策略目標一般包括以下四種類型。

一是市場目標：明確企業在市場上的相對位置、預期達到的市場地位、期望達到的市場份額，包括產品目標和管道目標。產品目標包括產品組合、產品線、產品銷量和銷售額等。管道目標包括縱向管道目標，即管道的層次，以及橫向管道目標，即同一管道成員的數量和品質目標。

二是創新目標：在環境變化加劇、市場競爭激烈的社會裡，創新概念受到重視是必然的。創新作為企業的策略目標之一，是使企業獲得生存和發展的生機和活力。

三是盈利目標：這是企業的一個基本目標，企業必須獲得經濟效益。作為企業生存和發展的必要條件和限制因素的利潤，既是對企業經營成果的檢驗，又是企業的風險報酬，也是整個企業乃至整個社會發展的資金來源。

四是社會目標：現代企業越來越多地認識到自己對使用者及社會的責任。一方面，企業必須對本企業造成的社會影響負責；另一方面，企業還必須承擔解決社會問題的部分責任。企業日益關注並注意良好的社會形象，既為自己的產品或服務爭得信譽，又促進企業本身獲得認同。企業的社會目標反映企業對社會的貢獻程度，如環境保護、節約能源、參與社會活動、支持社會福利事業和地區建設等。

公司層面的業務目標，需要澄清不同的業務組合的結構和比例關係：哪些是核心業務，哪些是成長業務，哪些是企業可能的新機會。對於不同的業務形態，應制定與之相適應的目標，如果發生錯配，則可能會影響業務的發展。最常見的錯配展現在用簡單的財務指標去衡量成長性業務和創新機會，就會使得這些業務的負責人在制定業務策略時束縛手腳，不敢進行大膽的策略性投入，失去發展機會。

對於核心業務，其業務定位是延伸、捍衛、增加生產力和利潤貢獻，應該是企業的現金流來源和利潤來源。對於這樣的業務，一般用產生現金和利潤的能力指標，如利潤（收入/支出）、投資報酬率、生產效率等指標。

對於成長性業務，其業務定位是將已論證的業務模式擴大規模、增加市場份額，使之成長為市場機會。這類業務既負責產生現金流，又是企業短期未來的增長來源，是市場增長和擴張機會的來源，一般用市場規模、客戶層面和財務層面的指標共同衡量，其中市場和客戶層面的指標占的比重一般較大。這些指標一般包括收入增長率或數值、新客戶/關鍵客戶獲取指標、市場份額增長指標、預期收益/淨現值指標等。

對於創新業務，其業務定位是驗證業務模式、論證商業機會的可行性、未來產生盈利能力和價值，為企業播種成長的機會。企業的關注焦點是該業務是否會豐富企業現有產品/業務創新的組合，以及是否能成為未來長期增長的機會點。因此目標應考慮專案進展關鍵里程碑、機會點的數量和回報評估、從創意到商用的成功機率等方面的過程性指標。

因此，在實際制定策略目標時，由於企業業務類型和所處發展階段的不同，策略目標體系中的重點目標也大相逕庭，優先次序也有極大的差異。如果企業利用平衡計分卡描述策略目標，一般情況下，對於核心業務，應強調財務指標占比；對於成長業務，應強調客戶層面指標和學習成長指標占比，適當強調財務指標；對於創新業務，其策略目標應強調流程指標和學習成長指標占比，弱化財務指標占比，並從商業模式驗證的視角定義客戶層面的指標。

企業長遠的策略目標應與近期目標結合。企業應基於長遠目標建立近期目標，並形成清晰的里程碑階段和路徑關係。里程碑設定階段應全面反映不同業務形態的要求。企業的近期目標應匯入企業年度經營指標，為企業營運和執行系統提供依據。

第三部分　企業策略執行

第九章　執行設計基本原理

幾乎所有的企業都在推動執行方面做了大量的工作，卻很少遇到哪家企業對自己的執行情況感到滿意，我們經常聽到這樣的話語：「我們的策略沒有問題，但執行出了問題。」有的管理者形象地把這種現象比喻成「腦袋過去了，身子就是過不去」。

企業既要在制定策略的時候「仰望星空」，又要在執行設計的時候「腳踏實地」，怎樣建立一個高效的執行系統是每位管理者都在冥思苦想的事情。

如何兼顧日常事務和策略變革困擾著很多的管理者。有的管理者這樣形象地描述：「我們承擔企業的利潤貢獻和績效任務，每天都在泥淖裡滾爬，時時要防備競爭對手的襲擾，承受蚊蟲叮咬，疲憊不堪，又必須時時仰望星空，堅定地注視公司的長期目標，建構競爭壁壘，並從競爭中脫穎而出，而這些工作往往對當下的業績並無突出的貢獻。」

企業的創新、競爭能力和增長都依賴於策略和執行的無縫結合。策略和執行之間的連繫非常緊密，企業成功的關鍵在於策略與執行的一致性。卓越的企業一旦提出了一個明確的策略主張，就會透過建構獨特的能力提供支持，並貫徹到它們所做的每一項工作中。卓越企業執行策略的能力和制定策略的能力同樣出色。

執行不是一句空話，它就發生在公司每一個層級的人每天做出的成千上萬次決策和行動中。如果我們不能以連續一致的方式排列策略性工作與日常事務，在目標交疊和衝突的情況就可能失去焦點。企業中的所有與策略相關的重要人員，在所有的重要工作中，按照連續一致的方式策劃工作，並按照一致的邏輯決定工作的先後順序，是策略執行中的核心難題。

企業要建立起優秀的執行能力，做好執行設計，須搞清楚三個基本的問題。

一是企業是如何有效營運並產生績效的？企業的運作過程是什麼？

二是策略執行設計的思考邏輯是什麼？不正確的策略執行設計錯在何處？

三是構成企業能力的要素是什麼？他們之間是什麼關係？如何展開企業設計？

企業執行的「三過程」理論

任何一個企業，大到一個集團公司，小到一個部門，甚至個人，它們開展工作、達成績效的過程，本質上是由三個過程組成的。這三個過程是「面向任務的過程、面向企業能力的過程和面向個人的過程」（如圖9-1）。這三個過程的綜合作用決定了績效結果和策略的執行能力。

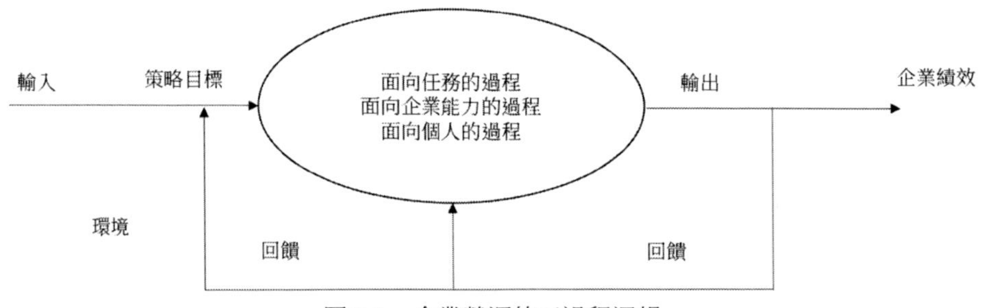

圖 9-1　企業營運的三過程邏輯

面向任務的過程，主要指聚焦於「什麼是正確的事以及如何把正確的事做到位」，包括商業環境變化的辨識和洞察、企業策略的制定、把策略目標轉化為績效管理過程、日常營運和覆盤管理，也包括專業和業務領域的執行與管理，如供應鏈管理、生產執行管理等。

面向企業能力的過程，主要聚焦於「企業能力與事的匹配性」，主要包括企業設計、流程和業務模式、考核、人才梯隊和企業文化等。

面向個人的過程，主要聚焦於「核心領導者管理以上兩個過程所需要的個人能力」，主要指領導者駕馭「面向任務的過程」和「面向企業能力的過程」所需要的領導力和價值觀。

針對一個具體的企業，如一個從事B2B業務的銷售團隊，以上三個過程是如何運轉的呢？

面向任務的過程：主要指銷售目標制定到日常銷售活動管理所涉及的活動。這些活動包括三個方面：第一個方面是銷售策略層面，包括客戶策略和銷售策略、行業策略、區域策略、產品策略等；第二個層面是市場經營方面，包括理想客戶的深度經營、新客戶的細分市場的發現、新產品和解決方案的推出；第三個層面是營運效率方面，包括銷售過程、銷售活動和銷售行為管理，銷售指標的分解和日常監控，大專案的分析與銷售行動管理等。

面向企業能力的過程：主要包括銷售人員的配置與人才梯隊、銷售訓練和輔導系統、績效考核系統的設計等。人員型銷售業務的商業本質是銷售人員的品質與數量的發展，因此銷售人員的應徵、訓練和盤點，才是確保面向任務過程取得高績效的關鍵。如果團隊的人崗匹配度不高，團隊銷售文化散漫，那麼，無論面向任務的過程多麼正確，都不可能得到高效的執行。

面向個人的過程：即使一個銷售團隊的管理者把面向任務的過程和面向企業能力的過程規劃得非常清楚，能夠連續一致地排列面向任務的過程與面向企業能力的過程的工作，也不能確保一定能夠取得高績效。以上兩個過程的實施，需要管理者的領導力和價值觀支持，比如，直言不諱、管控能力對於銷售過程的管理特別重要；管理者的人際成熟度、面對人際壓力下的果敢決斷和人力資源素養，對於不斷最佳化和調整團隊結構至關重要；管理者的價值觀，對於企業團隊的銷售策略、資源投放方式的抉擇至關重要，畢竟在現實工作中，很多的銷售管理者都把資源投放在短期目標增長方面。

任何企業的執行邏輯，都是以上三個過程綜合作用的結果。以上三個過程的一致性，是解碼企業行為的關鍵，也是執行設計與管理的核心。在三個過程中，面向企業能力的過程和面向個人的過程，更具有根本性。面向任務的過程產生的績效結果，從根本上說是由面向企業能力的過程和面向個人的過程決定的。面向任務的轉換過程是顯性的，是一條明線，主要研究企業打什麼戰役，每個戰役如何取勝，每個子系統在做什麼、每個人在做什麼，做的結果如何。面向企業能力的過程和面向個人的過程是隱性的，是一條暗線。策略目標和策略確定以後，短兵相接時，決定勝敗的還是士兵的實力。如果士兵實力不足，再好的策略戰術也擺脫不了失敗的命運。

電力行業是經典型策略行業，未來有可能實現全國範圍的電廠統一競價，這意味著發電廠的地理位置屬性已經基本不成為競爭約束，全國範圍內的自由競爭形態基本形成。電力發電廠的業務屬於基礎設施型的業務，這種業務有個原則是規模取勝、強者恆強。基於這樣的商業本質，好的策略是應該擴張優勢電廠的規模、進一步發展港口和鐵路沿線的電廠、關閉偏遠和中小電廠。執行這樣的策略，對領導者提出了極高的領導力和價值觀挑戰，因為解散小電廠會面臨極大的社會壓力和實際營運難題，並且業績往往在5年以後才會看到，那時候此時的領導者可能已經不在其位，屬於真正的「前人栽樹、後人乘涼」。大部分的領導者，寧可利用銀行貸款，給中小電廠和偏遠電廠輸血，也不願意承擔當下的挑戰和麻煩。因此，面向個人的過程，對於執行面向任務的過程和面向企業能力的過程造成了根本性的影響作用。

專家和諮詢顧問往往在面向任務的過程和面向企業能力的過程方面可以給客戶提出很好的建議，但不代表著諮詢顧問是最好的執行者，因為他可能缺乏面向個人的過程所需要的領導力和價值觀。這是很多諮詢公司的專家到企業中擔任高管會水土不服的原因。

企業在實際運作過程中，一般會將面向任務的過程分解為策略管理流程和經營管理流程，將面向企業能力的過程和面向個人的過程整合，形成人才管理流程，這三大流程形成企業經營的核心流程（如圖9-2）。

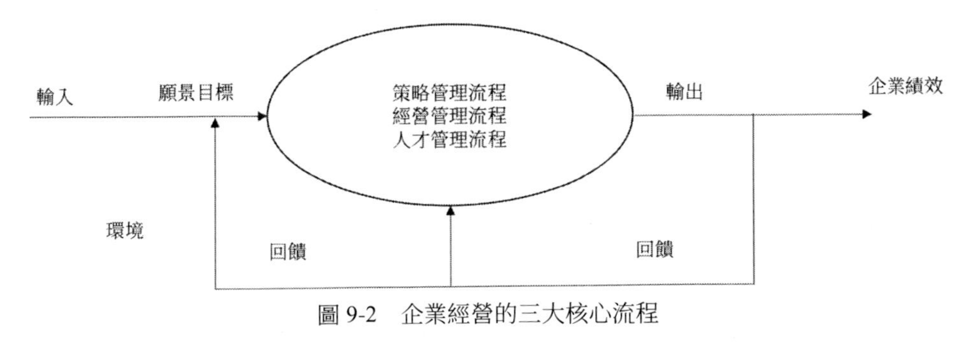

圖 9-2　企業經營的三大核心流程

除外部環境系統外，該系統主要由以下部分構成。

一是策略管理流程線：包括外部環境的辨識、經營趨勢的判斷、商業模式的確定、創新焦點和核心能力的辨識、策略目標的確定、主要的策略重點和任務，同時包括與策略相關聯的企業結構設計。

二是營運管理流程線：面向任務的經營管理系統由四部分組成，分別是企業的績效指標管理系統、企業的關鍵任務管理系統、企業財務預算管理系統、企業的生產經營流程，這四個部分是企業日常營運管理的主體內容。

三是人才管理流程線：主要是人才企業的人才梯隊管理和建設。

企業經營管理的核心是平衡策略線、營運線和人才線之間的關係，並使之一致。以上三條線的均衡、一致性和效率，是影響企業執行力的核心因素。因為策略和營運的品質均取決於團隊，所以從更長遠的週期來看，企業的競爭本質是人才競爭。

一個成熟的企業領導者，必須平衡戰鬥與練兵的關係，在二者之間合適地分配時間資源和預算，兼顧短期與長遠，不僅擅長指揮戰鬥，而且精於練兵；一個不成熟的管理者，會把主要精力放在戰鬥的指揮上，過分專注於任務過程，不能在任務過程和能力過程中平衡安排時間，因此或許他可以取得一時的成功，但絕對不會取得長遠成功。

有機化執行設計是執行力的保障

很多人都聽說過「太子丹與美人手」的故事。傳說燕太子丹宴請荊軻，請美女彈琴。荊軻見那女子的手秀美非常，優美的樂曲從那手中傾瀉而出，不禁讚嘆：「好手！」於是燕太子派人砍下了美女的雙手放在盤子裡送給荊軻。

很多人看到這個故事都覺得太子丹很荒謬。美人的手只有作為美人的一部分才能展現它的美，也只有作為美人的一部分才能彈奏出動人的旋律。被砍下來的美人手就成了令人恐怖的殘肢，毫無美感。但是很多人卻看不見一個企業其實也像美人一樣是個有機的整體，機械地將企業拆抽成若干部門，企業將不再具有活力。

把企業當成一個有機體，還是一個機械體，是進行執行設計的基本前提。企業是一個系統，是一個有機體，不是簡單的機械系統，不是線性的，企業整體並不等於獨立的運作系統之和。對於機械而言，無論何時，把各個零件拆分和組合，都是原來的機械，沒有變化，系統等於各部分之和。決定企業效能的關鍵是各部分之間的連繫，區域性的改變對整體效能幾乎無影響。聯賽中最優秀的十一個球員組成的球隊未必是最優秀的球隊，因為決定球隊力量的是球員之間的配合和默契程度。

目前在企業執行設計方面，也存在這樣兩種通行的做法，其中機械型的執行設計方法大行其道，而有機化的執行設計方法直到最近才越來越受到專家和企業經營者的重視。機械型的執行設計方法（如圖9-3），一般在企業建立的早期是有效的，在企業達到一定的成熟狀態後，執行力會銳減。

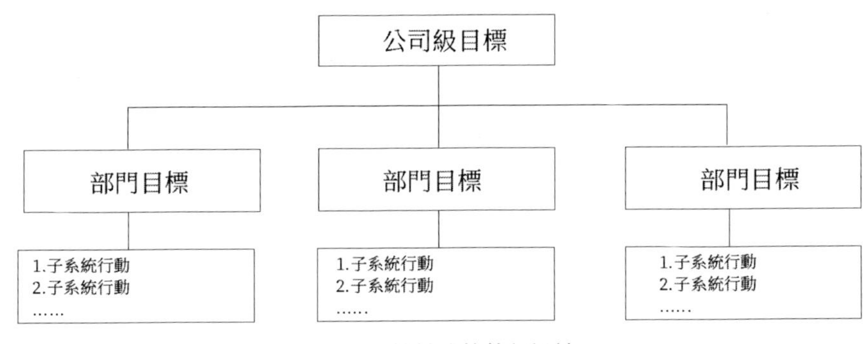

圖 9-3　機械式的執行設計

機械型的執行設計方法一般是按照系統構成的要素進行分解。有相當一部分的企業在策略目標確定以後，其執行設計是按子系統展開的，詳細地定義了各個子系統（或各部門）的工作目標和主要行動，這種執行設計的方法就是機械型的、基於每個分割要素的行動，並不能形成整體合力，往往還造成浪費。

機械型執行設計的弊端如下：

➤ 一是企業的活力向內釋放。

一切有競爭力的企業、企業中的個體和群體的活力指向只能是客戶，必須直接或間接地面向客戶釋放。機械型執行設計是基於子系統或分組展開的，這會導致企業活力向內釋放，追求區域性最佳，有可能陷入區域性最優的陷阱，導致企業經常在滿足企業內部需求上花費大量的精力，以至於對企業的外部和環境的介面沒有進行有效的關注。

很多企業流行對標管理，要求每個部門都對標一流，因為全網領域性總的改變對系統改變幾乎無益，所以每個子系統都追求一流，在策略上是浪費成本和資源的，對策略目標的達成可能沒有重大的推動作用，甚至可能出現一種極端的情況，「每個部門的工作都很成功，然而公司死掉了」。

處於機械型執行流程環境下，所有部門本質上都在做兩件事：一件是對上級領導和平行部門展現他們是多麼努力和出色；另外一件是拚命地監管下級部門，捍衛部門權力。過分地關注內部，使他們忘記了為客戶提供商業價值才是最關鍵的，企業介面而非部門介面的成功才是真正的成功。

機械型的執行流程往往也決定了內向化的分配體系，這種價值分配體系會促使公司的內向化傾向加劇，形成惡性循環。

- **二是導致「執行無力症候群」。**

在企業早期，企業系統和建設尚處於建設和完善階段，各系統要解決企業系統功能的有無問題，這時候企業可能感覺不到機械式執行設計的弊病，也可能收益頗豐。企業發展到一定階段後，基礎功能建設已經比較完善，內部流程已經固化，企業邊界和內部結構也已形成，機械型執行流程的弊端也會越來越充分地展現出來，企業會越來越感覺到執行困難，並陷入到變革困境中，企業就得了「執行無力症候群」。

「執行無力症候群」表現在以下幾個方面：資訊傳遞的速度會越來越慢，企業的協同性會越來越差，對市場的響應越來越緩慢，變革成功的可能性越來越低，企業內部的抱怨越來越多，企業的懈怠越來越嚴重。這時企業的工作大部分更確切的定位是在維持企業的運轉，而非塑造差異化能力或讓改變發生。

➤ **三是多目標行動分散企業資源。**

強而有力的執行系統依賴於聚焦，強調壓力原理，強調不同部分的一致性，要求企業的所有部門必須對著一個城牆口發起連續的衝擊，從而集千鈞之力於方寸之間，產生極大的壓力，進而產生強的執行力。

企業的不同系統之間採取廣泛的功能對功能的對齊方法，其精準性和一致性都是較差的，只能產生較低層次的一致性，這就是機械型執行流程的根本弊病所在。每個部門都在做似乎是對的事情，從整體上看，整個企業的行動是推動業務進步的多目標行動，而非聚焦的單一目標行動。

有機化執行設計（如圖9-4），一般是在企業中找到一個有效的干預點，這個干預點通常是一個跨部門的重大行動，因此就辨識和建立了一個相關聯的情境。關聯企業中的相互作用的要素，使每個部門在總體行動中承擔相應的行動責任。與機械型執行的粗對齊不同，有機化執行設計採取行動對行動的方法進行協同，從而達到深層次的一致性，提高合作的精準性和效率，從而提高執行系統的效率。

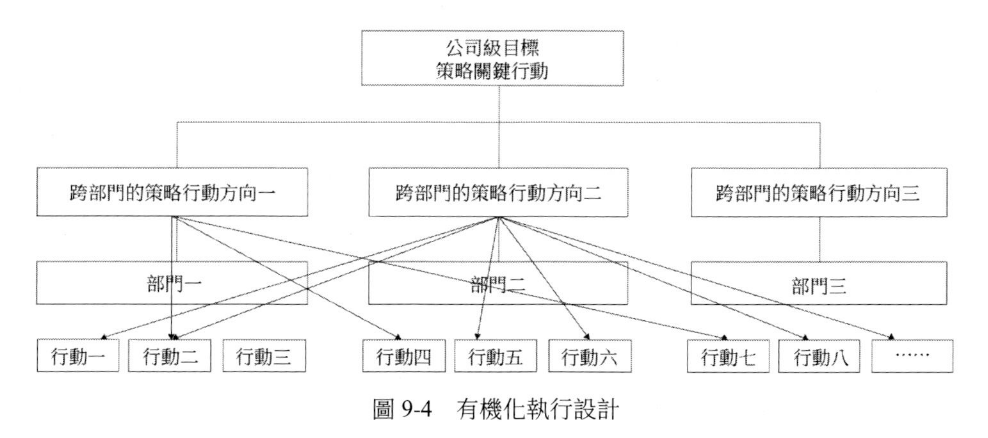

圖 9-4　有機化執行設計

有機型執行流程往往是圍繞著基於某種產品或服務的核心任務展開的，這些任務一般是外向的、業務層面的、綜合的、跨部門和系統的。這些跨部門的關鍵任務又以子任務的方式分解到子系統的部門和員工，各部門之間透過行動對行動的方式合作這些跨部門的任務，一般具有可見性，往往可以用外部的、市場層面的結果來衡量。我們透過這個結果來衡量各個分系統獨立工作效果如何，不同系統間的合作性如何，企業定期評價跨部門的核心任務是否達成外部的市場結果，確保了績效測量的客觀性，確保企業的活動釋放和價值分配是基於客戶價值創造和客戶層面的成功。

有機化的企業能力模型

策略執行設計的核心是企業設計。企業策略確定以後，策略決定企業；企業反過來也影響策略，它們之間的關係就像是「左腳跟右腳」。學術界和企業界通常用「企業模型」來解碼企業行為，應用到實際管理中，這些企業模型也成為領導力發展和企業發展的框架。

很多中外學者提出了一些企業能力模型，有些模型是支持有機化企業設計，有些企業能力模型不支持有機化的企業設計。那些不支持有機化企業設計的企業能力模型大部分遵循了機械型企業設計原理，按分組或要素展開，並不強調要素之間的連繫，比較通俗，然而並不具有高的執行力，可應用於企業能力診斷，不太適合支持高效企業設計。

在眾多的企業能力模型中，Nadler-Tushman模型，即1970年代末提出的「企業分析一致性」模型（如圖9-5），遵循了有機化企業設計的原理，成為知名的IBM公司策略管理流程工具BLM（Business leadership model）的基礎模型，也是最反映有機化設計原理的一個企業能力模型。

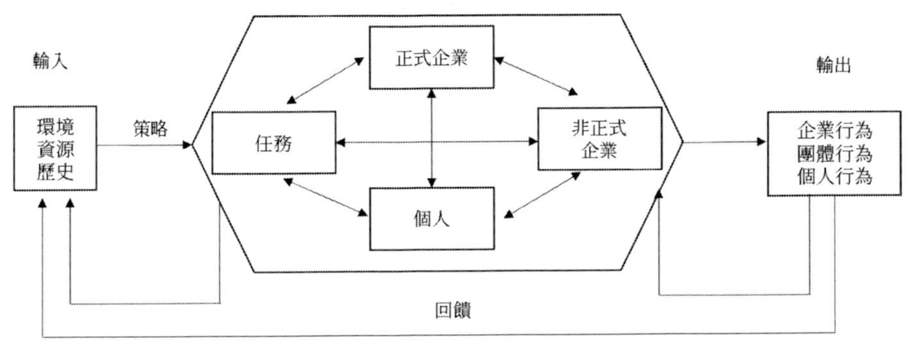

圖 9-5　企業分析一致性模型

Nadler-Tushman「企業分析一致性」模型，是建立在對環境要素進行適時的辨識和管理基礎上的。模型中的企業能力要素包括關鍵任務、正式企業、非正式企業和個人四部分。模型的輸出是個人、團隊和體系的行為，並且最終決定產品/服務、企業績效以及有效性。

關鍵任務：是企業設計的基礎，造成支撐策略和連線企業設計的作用，關鍵任務須瞄準策略或商業設計的關鍵成功因素，是實現策略目標和建構核心競爭力的關鍵性的行動。

正式企業：是指人們為了完成某個共同目標而按照一定的規則建立的人群集合體，是具有一定結構、同一目標和特定功能的行為系統。任何正式企業都是由許多要素，且按照一定的連結形式和規則組合而成的。正式企業是企業設計的硬體部分，一般包括企業結構、職位、系統與流程、績效考核與晉升等四個方面，決定了企業執行的顯性規範。這是企業設計中非常可見並且容易動手的部分，因此多數的管理者都願意從此處入手進行企業變革。甚至可以說，正式企業設計成為絕大多數高層管理者在變革管理中願意使用的利器，誰不會正式企業設計，誰就不可能變革成功。

人才（即個人）：定義了承接關鍵任務的關鍵職位及其人才要求，包括某些關鍵職位的人員數量、特質、經驗和技能以及獲取策略。這是企業設計中具有一定可見性的部分，與每個要素獨立相比，一致性模型將人員的能力、技能、風格等要素融合在一起，具有了更高的可見性。人才是企業能力模型中最核心的部分，並最終決定企業能力模型的其他部分。

非正式企業：是影響非正式企業執行的文化、道德要求等，決定人的行為的隱性規範，是企業中人們實際上做的事情。這是企業能力中最不具可見性的部分，企業透過改變企業能力的其他三個模組，如企業結構、績效考核、晉升等方法，去推動文化的改變。

Nadler-Tushman「企業分析一致性」模型的主要優勢在於：這是一個基於互動和連繫的模型，不僅強調從關鍵任務至正式企業、人才和文化氛圍的理性分解過程，同時也強調人對任務、正式企業、非正式企業和文化氛圍的反作用，強調二者的互動，重視了變革過程中的人文障礙，更符合企業的實際情況。模型很好地反映了第三化企業理論社會網路理論的要求。模型有很好的可見性，除非正式企業外，模型其他部分的可見性都比較好，無論是任務、正式企業的每個構成部分和人才，其組合方法都實現了盡可能高的可見性。可見即意味著可測量，即意味著更高的執行力。同時，這也是一個開放性的模型，始終關注與外界環境的變化，關注企業的績效差距和機遇差距，這一切確保企業設計都圍繞著市場結果展開。

第十章　績效指標與關鍵任務

輸出控制與行動控制的功能與區別

績效目標系統管理規定了每個生產經營部門的產出標準，並衡量評估產出是否達標。企業進行績效控制的目的是調節特定企業的總體輸出成果。績效控制關注的是一定時間內的總產出成果，並不關注特定時間點上的特定決策或行動，比如績效指標要求在7月將成本降低3%，但不會規定是控制原材料成本，還是採用新的生產裝置。

績效控制系統適用於比較獨立的企業（比如一個業務比較獨立的事業部、業務單位），一般情況下，這個企業的市場目標對其他部門的依賴性比較弱，上級部門可以靠績效控制系統對一定時間內的成果進行監督，但是如何實現這個目標則可以由企業自行規劃。在績效控制系統下，上級部門對下級部門的行動實施間接的影響，進行輸出管理而非過程管理。

績效控制的方法對於價值鏈的職能性工作有一定的局限性，因為職能的工作往往較難用商業結果類的指標衡量。績效控制系統因為沒有對達成結果的方式進行協調，因此對於解決不同部門間的協同效率有一定的局限性，很難適應瞬息萬變的行業和領域的快速合作的要求，也難以滿足企業重大變革的高難度協調的要求。

行動控制指定了特定時間點上要開展的特定行動以及需要達到的標準，並規定了行動的方式。績效控制系統可以說「把銷售額提高10個百分點，方法你自己定」。而行動控制系統則會要求「透過推出線上英語學習產品的方式來實現銷售增長10%」，不但規定了產出要求，而且規定了產出方式。

績效控制系統是基於部門分組的，行動控制系統一般不考慮部門分組，甚至會有意識地選擇跨部門分組的行動，以實現更大合作和更艱鉅的企業變革。行動控制系統要詳細說明要採取什麼行動、每個部門在其中負責什麼、達到什麼樣的標準、什麼時間完成、不同部門之間如何配合、每個部門的輸入輸出是什麼。

明茨伯格在《卓有成效的企業》中舉了一個例子，充分證明了行動控制系統在協調和執行方面的優勢。在著名的滑鐵盧戰役的最初階段，拿破崙的軍隊抽成了兩部分：由拿破崙皇帝親率右翼，在利尼迎戰布魯徹；軍隊的左翼由馬歇爾·奈伊元帥指揮，在卡特勒布拉與威靈頓對壘。奈伊和拿破崙本人都在為進攻做準備，而且兩人也為此制定了周全的作戰計劃。不幸的是，兩個人的計畫都要依賴埃龍的軍隊在敵人後方做最後的一擊。由於他們三人沒有很好地交流各自的作戰計劃，再加上作戰當天的指揮不夠明確，埃龍的軍隊一整天都在兩個戰場之間跑來跑去，未能投入任何一場戰鬥。其實就算當時他們的戰術方案並不高明，但只要配合得當，也能取得更大的成功。這個例子告訴我們，在重要的變革和嚴酷的商業環境中，企業需要用行動控制的方法以獲取更好的執行力和協調性。

績效控制和行動控制是兩套獨立的管理系統，大部分情況下，兩種系統是可以並行存在的。那麼企業應該如何應用和選擇呢？傳統行業可強調績效控制體系。

對於變革要求較高的成熟行業，須同時強調績效控制系統和行動控制系統的作用，在建立績效指標的同時，制定年度性的策略硬仗，透過績效指標系統管理日常營運，透過行動控制系統進行變革管理。

對於行業不成熟、環境變化較大的行業，可弱化績效控制系統，強調行動控制系統的作用，透過行動控制系統實現管理的靈活性和高度協同性。

對於價值鏈前端部門可以強調績效控制，對於價值鏈後端部門可以強調行動控制。

績效指標的辨識與策劃

績效是什麼？這是個簡單的問題，實際上最難回答。我們翻閱浩渺的管理圖書，發現並沒有一致的答案。

彼得·杜拉克曾說：「所有的企業都必須思考績效為何物，這在以前簡單明瞭，現在卻不復如是。」

目前大家普遍認為績效是結果，這種觀點流傳最廣，應用最為深入，也有人認為績效是行為，還有人認為績效是知識、技能等，是企業和員工的能力，可以透過工作轉化為商業結果。《牛津現代高階英漢雙解詞典》對「performance」的釋義為「執行、履行、表現、成績」。我認為績效應該包括三個層面的內容，即業績結果、行為、企業與個人的能力。績效是一個多維建構的概念，觀察和測量的角度不同，其結果也會不同。

純粹定義結果為績效的認知，在實踐中容易出現兩大問題。一方面，企業的潛力、核心競爭力建設和未來的持續盈利能力應該歸為「成績和表現」的一部分，而不應該被忽略，否則必然導致短期主義，不能兼顧長遠；另一方面，結果往往是內外部因素共同作用的結果，將結果全部歸為企業和個人「成績和表現」，必然引起誤判。在實際操作中，我們經常看到某個企業或個人的業績結果不錯，但在進行了企業能力盤點或個人能力盤點後，發現能力和績效結果二者之間存在較大的不匹配，這時候再單純以結果作為績效，是不負責任的，也是有害的。另外，我們在制定結果指標時，很難保證制定考核基準的合理性和公平性，這也會導致以結果論「成績和表現」的失誤。

對於績效控制系統而言，目前比較流行的績效指標體系有KPI（關鍵績效指標法）和BSC（平衡計分卡法）。企業須理解KPI和BSC等方法的本質，透過推動績效指標體系，確保策略的落實，從輸出控制的角度看，KPI和BSC二者並無本質差異。KPI與BSC相比較，前者更靈活，後者更強調結構化，更具有紀律性。BSC從財務指標、客戶層面指標、流程指標、學習成長指標四個維度提出了衡量策略的結構。因KPI沒有嚴格的指標結構約束，因此在實施過程中容易過分重視財務結果。為了避免這種情況，有些學者提出類似遺贈指標這樣的概念，試圖去改良KPI實施過程中的缺陷，指出企業應同時關注核心競爭力指標和財務指標，不能只考慮短期目標。無疑，BSC兼顧了商業結果、行為和能力，因而更加均衡。

KPI是英文「Key Performance Indicator」的簡稱，其理論基礎是依據帕雷托提出的「二八原理」，企業的績效是由關鍵少數百分之二十決定的，KPI就是要抓關鍵價值驅動要素，抓主要矛盾，透過對主要價值驅動要素的管理實現經營意圖和策略目標。KPI實際上是把企業策略成功的關鍵要素轉化為可量化或者行為化的一套指標體系。KPI的目的不只是為了考核，而是以關鍵指標為牽引，把企業建設成策略中心型企業，確保企業的資源配置到與關鍵績效指標相關聯的領域上，使企業全體成員的精力和經營重點能夠聚焦在成功的關鍵要素上。

為了克服KPI實施過程中出現的過分重視財務指標的傾向，實現企業長期發展目標與短期目標的均衡，美國哈佛商學院的卡普蘭（Robert S．Kaplan）與諾頓（David P．Norton）於1992年提出平衡計分卡（Balanced Score Card），主張從財務、客戶、內部營運、學習與成長等四個維度來評價企業經營業績，因此平衡計分卡比KPI更有紀律性。平衡計分卡透過明確企業願景和策略，將企業策略轉置於核心位置，將策略目標真正轉化為員工的日常行動，透過紀律性的指標結構強化企業的長期目標和短期目標的均衡性，當然也帶來極大的實施難度。

無論是KPI，還是平衡計分卡法，在實施過程中都要關注以下三個方面。

➤ **第一條是必須確保是衡量結果而非衡量過程。**

績效指標體系的精髓是對輸出進行控制，而不管過程如何完成，因此績效指標大部分情況下應該是結果指標，不能是過程性指標。如果在KPI中出現了過程指標，就可能稀釋管理責任，得不到企業想要的結果，導致執行力的下降。管理者在執行過程中會覺得我把這件事做了就可以，但是對於做這件事對企業產生的結果並不關注。

在績效管理中出現過程指標，最可能出現的情況是「行動完成了，但對上級部門的績效結果沒有支撐作用」，極端的情況是「部門指標都完成了，公司死掉了」。如果在實施中出現類似情況，大機率是部門的績效指標出現了大量的行動性指標。如在「在3月前舉行一次市場會議」，這是衡量過程，結果指標應該是「客戶簽約量」。出現這種情況後，部門只對做事負責，對結果不承擔責任。

在績效指標分解的過程中，正確的思維方式是：「該部門哪個績效指標的改善，可以有效地支撐上級部門或平行部門的績效指標？」這是採取輸出控制系統的正常思考過程。相當數量的管理者往往按照錯誤的方式進行績效分解，即「該部門能幹什麼，可以有效地支撐上級部門或平行部門的績效指標？」這是典型的行動控制系統的思考方法，容易形成很多行動性的指標。

某部門的績效指標如下。

所屬部門：服務發展部								
維度	序號	關鍵績效指標	單位	權重	頻度	年度目標值		
						T1	T2	T3
企業績效類指標	1	公司企業績效指標	項	40%	年	85	100	115
崗位績效指標	2	顧客投訴管理體系運行維護，建立並啟用旅客意見管理系統	項	5%	年	--	完成	
	3	推進第三方滿意度調查項目實施	項	5%	年	--	完成	
	4	典型服務事例推廠、激勵	項	5%	季	--	完成	
	5	顧客投訴分析、客戶體驗等數據發布與督進	項	5%	周/月/季	--	完成	
	6	服務危機事件處置	項	10%			完成	
	7	員工報告服務不正常事件調查管控	項	0%	天/周/月		完成	
	8	維護社會監督員服務評價管道及客戶關係	項	5%			完成	
	9	月度工作計劃制定和實施	項	5%			完成	
合計	--	當月綜合表現	項	20%			完成	

該績效指標基本全是行動性指標，涉及的大部分都是部門的常規工作，與策略有關的指標基本沒有，管理責任難以落實下去。同時，指標數量過多，權重比例較小，進一步降低了其實用性。

➤ **第二條是確保指標的垂直對齊和水準對齊。**

企業為什麼要建立績效指標體系呢？有人說是為了考核，有人說是為了分解責任，這些都對，但不是全部。企業建立績效指標體系的最終目的，就是讓企業的各部門集中資源，圍繞著策略目標開展行動，使企業成為以策略為核心的企業。因此，績效指標要造成策略引領作用，關鍵是部門之間的績效指標需要具備一致性，否則績效考核就是在製造部門壁壘，每個部門只是在追求自己的結果，沒有任何合作性可言。

以平衡計分卡為例，一個好的平衡計分卡績效指標，必須保證三個一致，即上級部門績效指標與下級部門績效指標相一致，後臺職能部門績效指標與前端業務部門相一致，平衡計分卡內部的四個指標前後相一致。平衡計分卡的四個指標（財務指標、客戶指標、流程指標和學習成長指標）的內部一致性是指：為了股東滿意，我們需要達到什麼樣的財務指標；哪些客戶層面的指標變化有利於我們達成財務指標；哪些價值鏈流程的指標改善有利於我們完成客戶層面的指標；哪些能力和內部機制的指標改善能夠幫助我們達成以上三專案標。

某家從事軟體業務的企業，未來三年的主要策略目標是在全國透過代理模式擴大軟體銷售規模。該公司銷售部門的核心績效指標有兩個，一個是銷售收入規模，一個在外縣市形成的銷售能力指標。這年他們銷售收入指標超額120%完成，但外縣市的銷售能力指標沒有完成。如何評價這種現象呢？有的人會說，主要收入指標完成得那麼好，其他的不要管了。也有的人持不同的觀點，認為外縣市的能力指標沒有完成，意味著在其他的協同部門可能產生一個因不協調導致的成本，如研發的高成本投入是以在全國範圍內實現銷售為前提的，因此，這個指標不能達成，對公司的策略和成本的影響是較大的，必須認真考核，二者不能相抵。顯然第二種觀點更能展現我們對績效管理的定位。

為了確保一致性，無論是輸出控制（績效控制），還是行動控制，展開流程都是先水準部門對齊，再垂直對齊。如果只對績效指標進行縱向分解，不能產生水準一致性，只會製造「部門牆」。做水準對齊時，先制定前端部門（面向客戶的部門）的指標，再制定生產部門（面向生產的部門）的績效指標，再制定支持部門（職能部門）的績效指標。前端部門對後端部門提出績效要求，所有部門對支持部門提出績效要求。水平傳遞和分解結束後，再進行垂直分解和對齊，然後在每個小部門內部水平分解，依次循環進行。

在要求產生一致性的時刻，企業都可以透過回答這樣的啟發性的問題，得到相應的答案：

對於上一級或平行部門的關鍵目標，假設在其他方面不發生改變的前提下，我們團隊提升哪方面的指標表現可以對其產生最大的影響？

為保證上一級或平行部門關鍵目標的實現，我們團隊可以在哪方面做出最有槓桿作用的貢獻？

為實現上一級或平行部門的關鍵目標，我們團隊有哪些最薄弱環節急需改進？

我們必須克服兩種錯誤的傾向，在實踐中比較盛行兩種粗暴的績效指標分解方法。

一種是指標上下一般粗，沒有分解，例如從公司層面至售前服務部門層面，甚至到員工層面，全是一個客戶滿意度指標，這種拆分在管理上沒有任何意義。績效管理的基本原理是員工承諾，員工承諾的前提是員工必須對該績效指標具有相當程度的可控性（很多企業在實踐中把影響程度達到80%以上定為可控）。一個員工怎麼可能對公司的顧客滿意度指標擁有可控性呢？

另外一種方法，我們不妨稱之為「連坐法」，同樣一個指標，一個部門承擔百分之多少比例，另外一個部門承擔百分之多少比例，用粗暴的方法解決合作問題，看似解決了問題，實際上只會造成推諉卸責，不具可控性的績效指標，在管理上沒有什麼意義，只能讓大家把績效管理當成一個遊戲。績效指標分解要辨識出部門能夠控制並且能推動上級績效目標的結果指標，不是推卸責任。

➤ **第三條是將績效指標的結構和數量與策略意圖相連繫。**

追求過多的績效指標數量是績效指標制定的陷阱，看似面面俱到，實則混淆管理重點，稀釋了核心指標的比重。為保證對關鍵輸出結果的控制，實現最重要的管理意圖，企業可以採取三個方法：一是減少指標數量，一般建議維持3～4個指標；二是提高核心指標的權重比例，核心指標權重一般不低於20%，並控制低權重的績效指標數量；三是在績效指標考核時，把某些指標作為啟動指標，一旦啟動指標不能滿足要求，績效考核不兌現。

為什麼指標減少不下來呢？這與一個問題的回答有關：「績效指標體系究竟是面向職責的，還是面向策略的？」KPI是策略性的，不是職責化的，沒有必要全部響應部門職責。KPI即使不響應部門的全部職責，也不意味著部門責任的減輕。KPI是基於策略的、聚焦主要矛盾的、可以層層分解的指標體系。KPI指標體系應該簡單、直接，聚焦於策略目標，承接企業策略意圖，解決主要問題與矛盾。KPI只抓取關鍵的、與業績直接相關的指標。如果是面向職責的，就會把方方面面的工作都放進來，就怕少了任何一項，導致指標越加越多；如果是面向策略的，這個問題迎刃而解，就會只關心與重要業務和關鍵改變有關的產出指標，其他的工作指標列入常規工作，不出現在績效指標中。當然沒有出現在KPI中，不代表不是你的工作。

每當你感覺到部門的指標難以裁減時，合適的引導問題是：「如果只保留一個指標，你們會保留哪個？」企業面臨的經營管理問題是方方面面的，如果想要面面俱到，一定會顧此失彼，陷入複雜而無法操作的陷阱。考核指標就是一個指揮棒，企業在發展過程中，資源是有限的，所以要抓取關鍵的、與業績直接相關的指標，利用KPI來集中配置資源，牽引企業和員工的行為，讓策略能夠有效聚焦，以關鍵要素驅動策略目標的實現。

績效指標的結構是另外一個重要的問題：到底採用哪些指標，不採取哪個指標？每當陷入指標爭議的時候，這時候我們可以下面的問題終止我們的爭論：「請描述一下成功以後的場景是什麼，用什麼樣的指標結構可以充分描述你所說的成功場景呢？這個場景符合你的初心和期待嗎？」

某旅遊公司2018年江蘇地區的收入是2000萬元，其中一個部門的主要收入來源是觀光局一個客戶，占收入比重的80%。在制定2019年的目標時，總經理與該部門達成總識：2019年該部門的績效指標圍繞「增長、均衡、網路＋能力」這三個主題來制定。這三個主題對應公司對該部門的意圖是：有效增長，為公司的增長做出特殊利潤貢獻；化解本地的經營風險，業績結構更加均衡；探討以省為部門的銷售網路建構模式，並形成全省網路和能力。基於這樣的意圖，他們2019年的績效指標如下：

策略意圖	指標	指標數值	比重
增長	銷售收入	3000 萬	70%
均衡	除觀光局以外的客戶收入占比	40%	15%
網路＋能力	當年成立並形成 5 個銷售收入 100 萬以上的辦事處	8 個	15%

目前的績效指標比單純的3000萬收入指標在經營管理方面更有意義。如果僅是3000萬的績效指標，就是僅對總量進行控制，不對結構進行控制。部門可以用其他的方法完成指標，不代表區域的經營能力有了本質的改善。假如某一客戶突然在當年下了一個大單，就可以達到目標，這時候運氣和市場機遇起的作用更大一些。但採用以上指標結構後，部門如果能完成以上績效指標意味著區域的經營品質有了本質性的提高，並且能夠看到區域的長期增長潛力。同時，這些指標清晰地指明，部門應該在區域銷售網路建設、發展銷售能力、培養管理者方面下力氣，使用資源並力求突破。

好的指標結構能夠協調當下的增長和未來的潛力的關係，做到長短結合，使企業長遠目標和短期目標有效結合，既關注當下的現實，又關注長期競爭力。使用平衡計分卡的企業，主要是透過調整平衡計分卡四個維度的比重，使績效指標與經營實際相契合。比如，對於處於早期階段的業務應強調客戶層面的指標比重，弱化財務指標的比重，強調商業試驗和市場拓展；對於成熟業務，加大財務指標的比重，強調業務創造現金和利潤的能力。

客戶經常問一個問題：「對銷售部門而言，不同的行業和區域是否應該採取一樣的指標結構，還是採用相同的指標結構僅是數值的差異？」我每次都回答：「指標結構可能是不一樣的，或者至少權重比例有區別。」不同的行業其行業週期、趨勢和形態不同，部門的指標結構可能不同。

例如，某公司面向醫藥、政府、網際網路三個行業開展業務。三個行業在公司發展中的價值定位不同，其績效指標亦應有差異。如網際網路在公司中的行業定位是高增長引擎，企業的意圖主要有三個：一是實施範圍經營提高單一客戶市場份額，必須進入前三名；二是擴大網際網路客戶數；三是建構能力，形成專業壁壘和核心競爭能力。而對於醫藥行業，行業已經進入成熟期，企業並不強調大幅度地提高市場份額，本行業的核心定位是為企業提供現金流。對於政府行業，是這個公司的優勢行業，下一步要盡快擴充套件領域經營範圍優勢，然後利用政府的垂直特點，啟動政府市場的全國效應，形成聚合效應。基於以上策略意圖，三個行業的績效指標設定如下。

<table>
<tr><th>行業</th><th>意圖</th><th>指標</th><th>指標數值</th><th>比重</th></tr>
<tr><td>醫藥行業</td><td>獲取利潤</td><td>銷售利潤</td><td>1000萬</td><td>100%</td></tr>
<tr><td rowspan="3">網路行業</td><td rowspan="3">增長引擎
範圍經營</td><td>銷售收入</td><td>20000萬</td><td>70%</td></tr>
<tr><td>單一客戶業務收入占比</td><td>占30%,
進入前3名</td><td>15%</td></tr>
<tr><td>解決方案收入突破</td><td>2000萬</td><td>15%</td></tr>
<tr><td rowspan="3">政府行業</td><td rowspan="3">快速擴張
產品標準化</td><td>收入規模</td><td>10000萬</td><td>60%</td></tr>
<tr><td>成熟區域覆蓋</td><td>省覆蓋率
100%;
省級公司
平均收入
不低於500萬</td><td>20%</td></tr>
<tr><td>銷售人數及效能</td><td>20人銷售團隊
人均效能50萬</td><td>20%</td></tr>
</table>

與大多數公司不同，華為在銷售人員的績效指標體系中拒絕使用簡單的銷售提成制（即僅根據銷售指標完成數值提取獎勵的方式），堅持使用BSC（平衡計分卡），因為簡單提成制容易引發銷售人員為短期目標做一

些急功近利的事情，不利於長期經營。對於不同的銷售區域和客戶生命週期，華為在實施BSC時，每個維度的考核比重也不相同。對於成熟領域，財務指標占比高；對於新進入領域，客戶層面指標和能力指標占比高。

策略行動的辨識與策劃

企業為了強化變革執行力，往往以關鍵任務為載體展開重要變革和執行設計。為向內部表達決心，引起全員重視，造成號召和引領企業資源的作用，管理者通常把這種關鍵任務稱之為「策略硬仗」，意思是「必打之仗，不得不打贏的戰爭」。

對於VUCA類的企業，可能沒有策略硬仗系統，有時候會以OKR（Objective and Key Results）這樣的行動系統代替，這些公司的策略制定與實施控制難以清晰分開。OKR在1999年由英特爾公司開始使用，隨後風靡全球。Google、甲骨文、今日頭條等眾多網際網路公司，紛紛採用OKR系統。OKR是「Objectives and Key Results」的簡稱，O就是objective，即目標；KR就是key result，即關鍵成果。

OKR作為行動控制系統的一種實踐，其基本的原理與策略硬仗系統是一樣的。所有OKR系統出現的問題，在策略硬仗系統中也會出現。還需要強調的是，OKR和策略硬仗系統都把一致性當成首要的要求。在這點上，二者的操作流程和方法與績效指標系統並無不同，因此，有關這一部分的內容不再贅述。

企業的策略一般以3～5年為一個策略週期，每年進行審視和回顧，必要時進行修正。關鍵硬仗的制定則一般以一年為部門，以年度為週期對企業制定的策略目標發起連續的衝擊。為確保企業的投入聚焦，要控制年度關鍵硬仗的數量，一般以3～5個關鍵硬仗為宜，確保是影響企業的重大改變。

關鍵硬仗是執行設計的基礎，其品質決定了策略執行設計的水準。那麼，什麼樣的關鍵任務是好的關鍵硬仗呢？能夠成為關鍵硬仗的關鍵任務需要具備策略影響性、策略槓桿性、任務綜合性、任務業務化四個特徵。

策略影響性

策略影響性要求是策略關鍵硬仗的最基本要求。關鍵硬仗成功之後能夠產生巨大效益，或者對經營品質產生根本性的影響，取得令人興奮的效果。

策略硬仗是做對的事情。什麼是對的事情呢？就是與企業的核心競爭能力建設和抓住特定機遇相關的事情。

某保險公司主要業務是藉助銀行的銷售管道向銀行的客戶銷售保險產品，此公司2019年產值達到行業第一名。如何去辨識關鍵硬仗呢？

首先必須辨識業務的關鍵成功要素。這個業務的根本商業特徵有兩點：其一，這是透過銀行管道進行的人員型銷售業務；其二，這是個人型解決方案業務，屬於範圍經濟的範疇。

該保險公司業務的規模化程度與一線銷售骨幹和銷售管理者的數量擴張成正比例關係。人員型銷售業務的本質是「攢人」，也就是說銷售業績的提升與銷售人員的增加緊密相關。「攢人」的速度和效率決定了規模和利潤情況，至於賣什麼產品，其實並非企業的經營本質，僅是變現的方式和載體。透過代理進行的人員銷售業務，有利的一面是效率和速度都可以很快，不利的一面是銷售系統執行效率可能降低，因為很多活動是依賴於夥伴推動的。

銀行保險邊際成本並沒有隨規模增長而大幅減少，管理效能可能隨著規模化降低，針對重點客戶的範圍經營特別重要。銀保生意的關鍵是幫助相關利益者銀行實現範圍經營，必須走顧問式銷售、解決方案銷售模式，產品組合向縱深發展，從而實現多次循環交易。

基於以上判斷，這種生意中可能建構核心能力的領域展現在五個方面：銀行資源開發及數量，產品研發及包裝，客戶範圍經營，核心團隊人才梯隊培養（關鍵職位＋高潛），適應解決方案的銷售人才辨識和人員訓練。其中前兩項是市場早期的關注重點，可以支持業務的快速發展，但從長期來看可複製性強，不可能建構起企業能力壁壘；後三項才是企業的核心競爭力，需要大量的資源投放和長時間的持續努力。

那麼如何辨識策略硬仗？

既然企業已經辨識了業務的關鍵成功因素和企業需要建構的五項能力，關鍵硬仗只能對標這五項能力。

針對客戶的範圍經營這個關鍵成功要素，今年可以制定「針對前10%的高階客戶，透過銷售××產品，將復購率提升到30%」這樣的關鍵硬仗。今年成功後，明年還要針對這個關鍵成功因素打關鍵硬仗。每年持續下去，自然建構起企業的差異化能力。針對銷售人員的辨識和訓練這個關鍵成功因素，企業可以透過精確人才標準、提高面試水準、建立訓練體系等維度，每個辨識不同的關鍵硬仗，持之以恆地做下去。

策略槓桿性

策略關鍵硬仗的策略槓桿性主要是從方向性提出的要求。僅僅方向對，是不充分的，還必須有槓桿性作用，符合以小搏大的槓桿原理。如人登山，策略影響性解決了登哪座山的問題，槓桿性解決了走哪條路的問題。上山的路徑萬千條，企業必須證明為什麼走這條路而不是其他路，為什麼這條路時間最短，最容易成功？越具有槓桿性，策略硬仗的投資收益比越高。

什麼是槓桿性？阿基米德說：「給我一個槓桿，我能把地球撬動起來。」槓桿就是用最小的力氣取得較大的效果的那個點。選擇了最有槓桿性的關鍵任務，不意味其他的路徑和措施不行，只代表這條道路可能更有槓桿性，企業放棄了其他的選擇，專注於這條道路。

某航空公司為提高機上外語廣播的品質，有三個可供選擇的方案：一是對乘務員進行英語等級培訓和考試認證；二是改善排班方法，把英語水準高的乘務員單獨排班，確保每個班機有一位符合要求的乘務員；三是採用AI系統播報，開發軟體，軟體系統應用後乘務員只需要人工輸入資訊，實現系統自動播報。

這三項措施中，對乘務員進行英語等級培訓和考試認證這個措施成本最高，收益最低，槓桿性最弱；如果不考慮客戶介面的接受度，改善排班和採用AI系統播報，顯然比英語等級認證的措施具有更高的標竿性。

任務綜合性

策略關鍵硬仗必須有綜合性。所謂的綜合性，是指包括計劃、企業實施、追蹤調整等一系列的相互依存與連貫的活動，往往能導致一個業務結果發生。

策略關鍵硬仗必須是綜合的行動方向，才有可能把更多部門協調起來，完成跨部門的合作，產生管理的變革。一個行動環節或獨立的行動都不符合綜合性的要求。部門級工作和常規工作一般不列入策略關鍵硬仗。

比如改善應徵方案，是一個獨立的行動，有可能導致流失率的降低和人均效能的提高，這個行動與可能與之依存的銷售訓練結合在一起，會導致人均效能提升，因此改善應徵方案相對提升人均效能是一個獨立的行動。

需要強調的是，雖然要求綜合性，但必須有清晰的行動方向和目標，不能僅是個管理意圖。如某公司的策略關鍵硬仗是：大力提升客戶滿意度。這本質上是個意圖，沒有行動，不知道槓桿性措施是什麼，屬於績效指標的範疇，不屬於策略行動系統的管理範疇，不需要透過關鍵硬仗系統管理。

如果調整為：推行客戶分層管理系統，提升顧客滿意度。這就符合要求。幹什麼事情是明確的，就是推行客戶分層管理方案。綜合性是指這個關鍵硬仗有很多相互依存的行動才能完成最終目標，可能包括客戶分層標準、服務流程的重新制定、績效考核系統的調整等。調整後關鍵硬仗就有清晰的行動方向，綜合而廣泛，滿足行動控制系統的要求。

企業應確保關鍵硬仗的顆粒度合適，既不要太粗，也不要太細。如果顆粒過大，雖然滿足了綜合性的要求，但容易把主攻目標選得太大，過度消耗企業的資源，導致失敗。如果顆粒度過小，往往不夠綜合，它就失去了透過硬仗解決合作的意義，也無法產生市場層面的結果，可能會導致硬仗不「硬」。

某創業公司2019年的關鍵硬仗是「加強應徵與人才發展力度，改善企業人才梯隊厚度」。在澄清該行動方向時，企業內部確定該內容包括：銷售人員的應徵改進、銷售訓練、高潛人才的辨識和培養、關鍵職位的應徵等。

到年底的時候，這個關鍵硬仗目標沒有完成。經過覆盤，大家一致認為主要原因在於年初制定的關鍵硬仗過於綜合和廣泛，方向不集中，導致精力過於分散，做了很多事，沒有突出性的效果。吸取了2019年策略硬仗過於廣泛的教訓，2020年的關鍵硬仗是：完成8名銷售主管的應徵與培養，形成30人規模的高效率一線銷售團隊（年人均效益80萬元）。這個行動就是綜合和具體之間取得了極好的平衡。

任務業務化

策略關鍵硬仗應該是外向的、業務化的。企業的策略關鍵硬仗應優先考慮市場層面、客戶層面、機會層面的行動方向，盡量不要在職能和支持層面制定公司級關鍵硬仗。如果必須在職能和支持層面制定關鍵硬仗，那麼盡量用業務結果指標衡量。

外向還是內向，是針對行動在價值鏈的位置而言的。行動在價值鏈中的位置越往前，離客戶越近，離財務指標就越近，就越符合「外向的、業務的」要求。如「推進帳層客戶管理，提高客戶滿意度」，比「改善員工關懷，提高員工幸福度」更偏外向和業務化。這種比較並非否定員工關懷的重要性，但這些工作完全可以列入部門的日常工作，沒有必要列入關鍵硬仗的管理範疇。

我們反覆強調外向的、業務化的，最基本的價值觀和理念是用策略關鍵硬仗促進商業成功，確保企業的成本和活力圍繞著客戶層面展開，圍繞著商業成功展開。

當然，我們強調外向的、業務化的，還有一個重要的原因是：如果是外向的、業務的，判斷關鍵硬仗的正確性和優先性相對容易；如果是內向的、功能的，判斷關鍵硬仗的正確性和優先性會相對困難。如果是內向的、功能化的，從財務和客戶層面指標轉換到關鍵硬仗的時候，就需要經過更多層級的分析，這個分析過程的科學性完全依賴於分析者的專業程度。越複雜的分析和結構，越容易出現偏差，從而影響關鍵硬仗的品質。

某航空公司新乘務員的操作準確性不高。為提高準確率，兩個小組提出了不同的行動方向。作為年度的部門硬仗，一個硬仗方向是改善乘務員課程體系，提高培訓品質；另外一個硬仗是改善乘務考試系統，提高考試的難度和區分度，並與晉級連繫。

哪個行動方向的槓桿性更強呢？比較難判斷，取決於分析的經驗，在實踐中，第二個行動方向的槓桿性高於第一個行動方向。

透過該案例，這兩個部門硬仗都是偏內向的，我們在確定哪個硬仗更合適的時候，依賴於企業內部業務人員的經驗、洞察力，如果不具備這種能力，在確定關鍵硬仗時就有可能出現較大的偏差。相對而言，業務層面的、外向的硬仗就更容易做出判斷。

以上是策略關鍵硬仗的四項要求，做到這些，就基本可以辨識出品質較高的策略硬仗。實踐中只有少數的企業能做好硬仗（包括OKR體系），因為每一個層級的硬仗都要滿足以上四條要求，有一條不符合都將極大地影響執行力。

很多企業每年都打策略硬仗。但幾年打下來，企業並沒有根本性的改變，硬仗不「硬」，一定是在以上四個方面出了問題。

某企業的業務是為客戶提供專業化的醫學試驗即人力資源外包服務。他們2021年的四項策略任務是：一線訓練體系的建立，腫瘤業務的區域化擴張與快速發展，精密營運系統建設，網路化招募轉型。這四項策略任務的挑戰性都很高，都是實現競爭力建設和業務增長所必須要做的事情。

企業在確定策略目標和關鍵任務後，設計了相應的企業結構，對策略目標和四項任務都進行了響應。此後企業又基於一致性模型對每個策略硬仗辨識了企業能力要求，並分解出相應的子專案。下面以「一線訓練體系建立」為例，展示企業能力辨識以及細化工作的過程。

任務名稱：建構一線服務人員能力辨識與訓練系統

1・成功標準

人效提升到18.5萬；投訴率降低10%；入職率80%；合格訓練師20名。

2・企業能力要求

(1) 企業結構與職責：建立專門的訓練企業結構，訓練部門從人力資源部門獨立，並成為一級部門；建立全國垂直的訓練管理體系，每個大區設訓練總監一名、訓練經理若干；每個業務機構二把手負責訓練。

(2) 系統與流程：訓練系統的建立和運轉，依賴於四個方面的系統和流程，分別是：結構化應徵流程、標準化訓練流程、標準化操作流程、現場訓練工作流程（包括與現場業務的協調）。沒有以上四個流程的建立和運轉，將難以建立高效的訓練體系。這四大流程需要較長的時間建立，今年解決有無和初步執行的問題。

(3) 績效考核：此專案的實施涉及專案經理、大區領導、部門經理、骨幹員工等人員，必須進行績效考核調整。其中對訓練專案推動經理主要考核進度和成本；對大區領導和部門經理主要考核投訴率、訓練人效；對骨幹員工主要考核訓練成績和個人業績。

(4) 晉升通道：需要將晉升通道與訓練成效相連繫，成為訓練能手是成為經理的前提，訓練管理職位在晉升更高管理者時是必須考察的通道。這樣的設計，從企業設計上確保了骨幹員工發展他人的積極性。

(5) 關鍵職位：訓練總監＋訓練員＋應徵職位

(6) 關鍵能力和關鍵經驗及獲取策略

訓練總監（1名）：關注能力是推動力、邏輯系統思維、督導能力（畫像：情商差點、思維嚴謹、推動能力強），關鍵經驗是訓練體系建構及訓練他人經驗（購買）、一線業務經驗10年，帶人和培訓經驗。獲取策略：外部應徵。

訓練員（20名，按區域分布）：關注能力是發展他人的意願、督導回饋直言不諱、邏輯嚴謹，關鍵經驗是一線業務3年以上經驗、至少一個完整的專案經驗。獲取策略：內部發展加外部應徵。

專業面試官職位：關注能力是人際洞察力和溝通力，關鍵經驗是有一定的業務經驗。獲取策略：現有人員＋結構應徵面試＋兼職。

(7) 素養要求：推動訓練體系對素養要求很高，主要的素養要求有三點。

一是訓練他人的能力是公司的核心競爭力，訓練他人比個人貢獻重要，工作忙碌不能成為藉口；

二是標準化是建構的基礎，標準化必須從老員工做起才能成功，老員工應該成為示範，不應該成為阻礙；

三是執行訓練必須走出自己的舒服區，切換我們的工作模式和習慣性行為。

3．主要措施

基於以上企業能力的辨識，以下措施是本關鍵任務的措施（子專案）。

(1) 應徵全流程標準化（畫像、招人、TL賦能等）—— HR詳細計劃

(2) 強行剝離部分TL的專案管理工作＆訓練體系（企業結構）調整 —— HR

(3) 職業通道設計＆晉升標準＆發展體系 —— 業務leader

(4) 考核體系、薪酬體系調整 —— 業務leader

(5) 訓練總監應徵 —— HR

(6) 尋找外部合作夥伴 —— HR

(7) 訓練內容開發和標準化 —— 未來訓練總監

(8) 訓練員的訓練 —— 未來訓練總監

(9)訓練管理機制的設計和發布 —— 未來訓練總監

(10)規模訓練 —— 未來訓練總監 & TLs

(11)訓練競賽 —— 未來訓練總監

(12)人才供給與訓練基地的建立 —— HR

透過這個案例可以看出，如果不依賴於一定的企業能力模型，行動控制體系(包括OKR和策略硬仗)很難做出高水準的分解。

為了進一步保障企業對策略硬仗的內容達成共識，策略硬仗須從以下五個方面進行澄清，並在企業的不同部門間達成共識。這種發自內心的認可和相互之間的信賴關係的建立，是保障策略硬仗成功的重要條件。

一是這個硬仗的內容是什麼？該問題主要涉及對這個策略硬仗的定義，關鍵詞的內涵，策略硬仗的範疇，包括的內容和過程，策略硬仗的成功標準，成功的場景等。簡單地說，就是澄清「關鍵硬仗是什麼，不是什麼，如何描述成功狀態，用什麼指標衡量」。

二是為什麼要打這個硬仗？澄清策略關鍵硬仗的必要性、產生的背景，以及策略意義。

三是為什麼這個策略硬仗在各種備選方案中具有優先性？澄清都有哪些可能的備選方案，每個備選方案的優劣勢是什麼，基於什麼樣的考慮選擇目前的行動方向而不考慮其他的行動方向，為什麼該方案可以產生最佳的槓桿性作用？

四是為什麼這是合適的時機？澄清為什麼在此時實施關鍵硬仗，關鍵硬仗和後續行動的路徑和依賴關係是什麼，為什麼這是最優的時機？

五是為什麼企業能夠成功？澄清企業有哪些優勢可以幫助我們取得成功，業內有沒有類似的實踐，失敗的可能性及措施。

策略關鍵硬仗的澄清過程就是企業達成共識的過程。這種共識是高效執行的基礎。

某線上教育產品公司策略是圍繞一個IP，將網路小說拍攝成電視劇、遊戲、廣播等輕衍生品，並以此為基礎確定了年度的八項主要工作。

在與部門領導者進行評審和回顧八項主要工作的時候，發現沒有一項工作能夠對IP一體化形成有效的支持。這意味著IP一體化經營是一個口號，是美麗的空中樓閣。

這時候相關的部門負責人告訴我，他們也說不好這個策略對不對。領導人在解釋這個策略時是這樣講的：「我們小說網站也不行，拍攝電視劇沒有資金，也沒有成功經驗，做遊戲也不能進入前列，因此我們實施一體化策略，把幾個模組結合起來塑造我們的競爭優勢。」

經過深入了解這個公司的能力，大家一致認為這樣的策略需要企業同時具備多項核心能力，並且每個核心能力進入行業十名左右才有成功的機率。目前這個條件根本不具備。因此IP一體化僅是一個口號。實施IP一體化意味著每部網路小說都要改編成電視劇、開發遊戲和輕衍生品等，但不是每部小說都適合以這三種方式呈現，因此可能某些方式投資效果不佳，從而產生結構化的成本。可見IP一體化會失去每個板塊的靈活性，導致財務結果更糟糕。

基於這樣的思考，大家認為應放棄IP一體化策略，把各自板塊定位為內容生產商更加合適，保持其獨立性，然後投資某個重點板塊尋求突破。他們準備與老闆做一次交流，基於歷史的經驗，他們對交流的結果毫無信心。如果未達到如期，他們想自發用消極的方法對抗IP一體化，在實際經營中主要以當下的經營效果為主要考慮方向，以各種理由對抗IP一體化。由此可以看出，有效溝通對策略執行的重要性。以上案例告訴我們，對於關鍵硬仗的發自內心的認可，協同作戰部門的信賴，並由此產生的全力以赴、使命必達的熱情和投入，是確保執行力的關鍵。

第十一章　企業結構與營運設計

好的企業設計，對於管理者而言，猶如水之於魚，可以助力業務的發展。不好的企業設計，往往帶來流程的束縛，繁雜、官僚的執行方式會徹底犧牲企業的活力，給策略目標的實現帶來阻礙。在企業的實際營運中，企業設計與策略的不匹配，是影響眾多企業發展的關鍵因素。

一般而言，企業設計包含企業結構設計、流程系統設計、職位職權、績效評估與激勵設計四大模組。每個模組之間存在很強的關聯性，不是孤立存在的。透過企業結構設計劃分企業部門，決定企業的總體執行模式和部門職責；透過流程設計和職權分配，將執行模式細化、規範化、流程化；透過激勵制度的設計，對以上機制的有效營運進行實時回饋。

企業結構規劃與設計

所謂企業結構，是為實現企業策略目標而採取的一種分工合作體系，透過界定企業的權力、資源和資訊流動的流程，明確每個成員在這個企業中具有什麼地位、擁有什麼權力、承擔什麼責任、發揮什麼作用。企業結構是企業的骨骼，反映了企業最重要的管理意圖和管理哲學，是進行流程設計、職權分配與設計、績效評估與激勵設計的基礎。

在不同的企業發展階段，必然有不同的企業結構與之相適應。在企業初創期，企業結構比較簡單，強調協調能力和靈活性，依靠企業領導人的個人能力，一般採用直線型企業結構。隨著企業規模的不斷擴大，企業一般會採取區域和行業擴張的策略，這時候對協調能力和專業化要求越來越高，就會建構中間管理層實現專業化管理。隨著企業規模的進一步擴大，企業不斷進入新的業務領域，為適應多元化發展要求，便會採取適當分權的事業部制組織結構。

由此可見，不同的策略訴求要求不同的企業結構，從而引起部門分工的調整；企業策略決定企業結構，策略重點的轉移，必將引起企業結構的調整。

影響企業結構設計的五種基本管理機制

明茨伯格在《卓有成效的組織》一書中把企業的管理工作定義為五種類型，分別是：相互調節、直接監督、工作過程標準化、工作輸出標準化、員工技能標準化。這五種工作機制是企業結構設計的基本元素，它們共同作用將企業聚合在一起。

企業設計的核心是權衡和協調使用五種工作機制。在特定的條件下，企業需要特定的協調機制。五種協調機制是可以相互替換的，企業變革的本質就是用一種協調機制來替換另一種協調機制。但這並不是說任何企業只能依靠一種協調機制，恰恰相反，大多陣列織都會混用所有的五種協調機制，無論什麼時候，一定程度的直接監督和相互調節總是必不可少的。哪怕企業實現了很高程度的標準化，但倘若沒有領導力和非正式溝通，仍然無法生存。

在五種工作機制的基礎上，明茨伯格進一步提出，企業中有五種力量，分別是策略高層、中間線、營運核心、專業層、支持層（如圖11-1)。

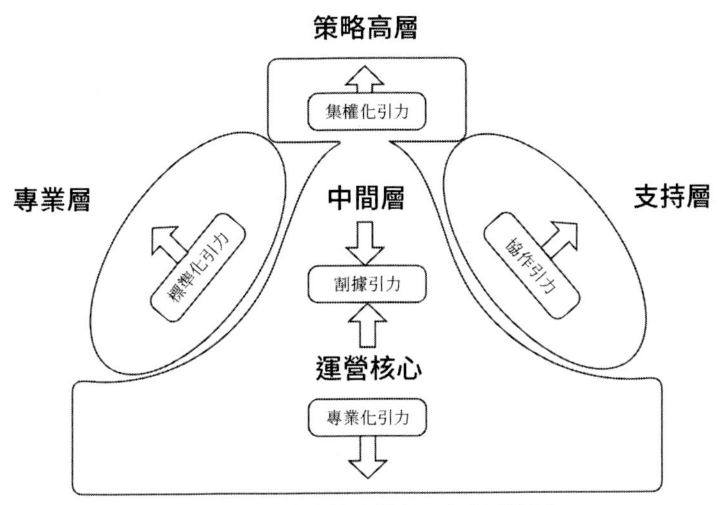

圖 11-1　明茨伯格企業的五個組成部分

策略高層：是對企業總體負責的人，包括執行長以及其他把握全領域性問題的高層管理者。它有三個方面的職責：第一，直接監督，高層要分配企業資源、發布工作指令、批准重大決策、解決爭端衝突；第二，對企業邊界狀況進行管理，必須花費大量時間將企業活動告知周圍環境中的權勢人物，為企業營造高層次的連繫網路；第三，制定企業的策略。

中間線：策略高層和營運核心之間，依靠中間線上的管理鏈條，透過正式權力互相銜接。這一鏈條，從高階管理者到直接管理操作者的一線主管，運用的都是直接監督和協調這兩種工作機制。

營運核心：企業的營運核心包括那些從事為產品生產和服務提供直接相關的基本工作的人員，也就是操作者。

專業層：專業層是由許多分析者構成的，這些分析者直接專注於企業結構的設計和運作，負責內部標準化。一個企業的標準化程度越高，它就越依賴於專業層，標準化降低了對直接監督的需要。

支持層：他們不屬於操作工作流，而專門提供支持的部門。

企業擁有的權責是確定的，權力會在五種力量之間分配，五種力量之間的競爭關係形成企業的政治形態。策略高層天然想使用集權影響力；中間線處於高層、營運核心、專業層和支持層之間，會發揮割據吸引力；專業層會使用標準吸引力；營運核心使用專業吸引力；支持層會發揮合作影響力。企業結構的演變過程，本質上是五種權力的重組過程，比如企業從簡單企業結構至縱向一體化企業結構的變化過程，本質就是不斷從營運核心收編權力，轉移給中間線、專業層和支持層的過程。企業變革的困難在於五種力量都在使用一切方式爭奪自己的權力空間，因而產生抵制。比如策略高層極致使用集權影響力，就意味著下屬營運核心和中間線的權力縮減，他們往往就會消極怠工；如果強化專業層的權責，營運核心就會質疑專業層人員的專業性並強調業務的特殊性，用專業吸引力對抗變革。

企業結構設計的主要工作就在於協調五種力量之間的權責分配，這種抉擇決定了企業的靈活度、敏捷性、專業化和風險管理能力。對於企業而言，如果想要敏捷靈活，就應該縮短中層線層級，限制中間線權力，給營運核心較多的權力，也可以把專業層和支持層放至營運核心，如網際網路公司、創業公司；如果企業更強調風險和標準化，就應該強化中間線、專業層和支持層的權力，縮減營運核心的權力，當然也會帶來流程的僵化和效率的降低，如傳統的國有企業、政府機構；如果企業更強調專業性和創新，就必須縮短策略高層、中間線、支持層的權力空間，強化營運核心和專業層的權力，如科學研究院所、學校和醫院。一旦出現了錯配，就會帶來管理的災難，比如在強化中間線割據吸引力和策略高層集權吸引力的情況下，追求企業的創新性和專業性，是不可能做到的。

五種工作機制的協調使用和五種力量權責空間的規劃和分配，是企業結構設計的基本原理，是企業結構設計的基調和底板，是根本性的，至於採取哪種企業結構形態，是採取職能制，還是採取事業部制，僅是企業結構設計的呈現方式。在此基礎上的流程設計、流程層面的權責分配是更加戰術和技術層面的；同樣道理，企業結構設計時對專業性、管理跨度、標準化等方面的考慮，也是技術層面的。

不同發展時期的企業結構設計

企業在建構早期，一般主要使用相互協調與集中監督兩項主要管理機制。領導者同時擁有支持「協調和監督」兩種機制的資源，大權在握，掌握更多的水準方面的資源，如業務領導者同時對生產、交付、服務、財務、人力等部門擁有權力，以便實現資源的整合和對外的快速響應。這種企業結構，又對應兩種形式：一種是更強調監督的獨裁式的簡單企業結構，一種是更強調協調的民主企業結構。

獨裁式的簡單企業結構，一般指創業者或企業所有人的核心獨裁。在這種情況下，企業的績效主要依賴於核心人員的責任心、經驗和能力，在主要依靠這種管理機制的企業中，我們經常聽到的一個詞彙是「全攻全守」。

創新早期的企業、多變化業務環境下的商業企業、商業模式不清晰的企業一般採用另外一種機制執行，即採用「變形蟲」企業結構，企業結構不具有穩定性，企業扁平化，層級較少，不強調規範，主要利用協調的方法開展工作，對外部有較強的適應性。這種企業結構更重視協調，企業一般合作、民主、自由、寬容，且是以創造性勞動為主，透過權力和責任本地化來激發人的積極性、能動性與自我管理能力。這種柔性化企業結構往往是以任務為導向的，可以根據需求而設定或取消。這種企業具有多元化、個性化和差異化的特點，每一個人都是網路企業上的節點，他們之間的連繫比在傳統直線型企業下更密切，企業內部多種文化和差異、個性則有利於知識和資訊的整合。

主要使用協調和監督功能的企業的優勢有三點。

靈活性：企業的全部資源控制在主要管理者手中，對外界變化有較強的靈活性。

速度：對於高速成長階段，具有較強的適應性，有利於抓住高速成長行業的機遇。

低成本：分組內的管理成本和協調成本均較低。

主要使用協調和監督功能的企業的劣勢有兩點。

專業化和核心能力建構困難：每個分組沒有能力部署行業內優質的資源，導致企業的專業化能力發展和核心競爭力建設困難。

「業績黑洞」頻出：此種企業模式過分依賴於分組內的領導者的個人能力，在規模擴張後，往往缺乏足夠數量的分組領導者，因此就會頻繁出現「業績黑洞」，企業經營者四處救火，卻發現「按下葫蘆浮起瓢」，不堪其苦。

對於網際網路行業、創新企業以及標準化程度不高的企業（如諮詢行業），強調企業的協調和監督功能，具有極高的現實意義。對於成熟階段的企業、流程標準化的企業，這種企業設計會限制其規模化發展。

1987年，任正非與五位合夥人共同出資2萬元成立了華為公司。在這一時期，華為在產品開發策略上主要採取的是跟隨策略，先是代理香港公司的產品，隨後逐漸演變為自主開發產品的集中化策略。成立初期，全公司僅有6人，還談不上企業結構。到了1991年，公司也才20多人，採用小企業普遍採用的簡單企業結構，所有員工都是直接向任正非彙報。

直到1992年，銷售規模突破億元大關，員工人數也達到了200人左右。企業結構也開始從簡單企業結構轉變為直線職能制的企業結構，除了有業務部門外，還設有財務、行政、市場等支持部門。

其企業結構如圖11-2：

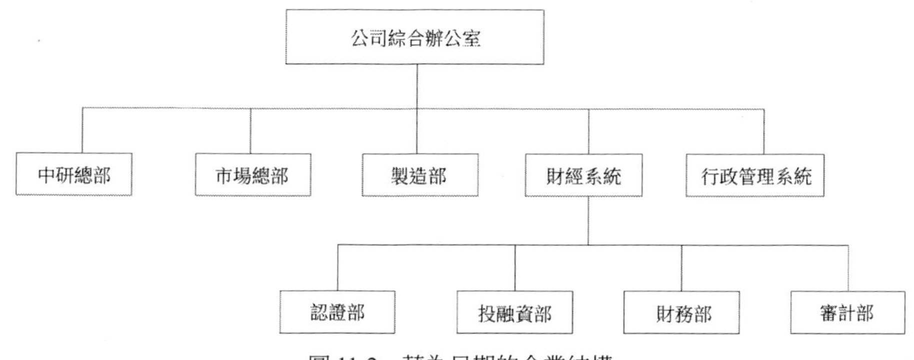

圖 11-2　華為早期的企業結構

華為在這個階段的企業結構強調權力集中，透過集權實現高協調能力，以便能快速統一調配資源參與市場競爭，並快速反應外部環境的變化。採取直線職能制的企業結構也是和公司同期的策略發展相匹配的。這一結構在協調方面有巨大的優勢，所有的市場行銷策略都可以第一時間從公司高層直接傳達到一線，從而完成行銷任務，並且可以調動任何資源推動產品研發。

任何業務進入成熟期以後，規模化的要求使得利用標準化進行管理成為一種趨勢。工作流程標準化、工作輸出標準化、員工技能標準化成為企業的主要管理手段，用以替代管理者部分的「相互協調和監督」功能。

對於業務單一、流程化特徵清晰的業務，可以實行工作流程標準化，以標準化的方式減少管理者的自治式的「相互協調和監督」內容，並使「相互協調和監督」規範化。對於業務多元化或流程化特徵不清晰的業務，可以透過輸出標準化進行控制。對於部分業務領域，對標準化的依賴更高，如麥當勞的服務人員，僅透過推行輸出標準化和流程標準化，不能在大幅度擴張或人員變動的情況下保證服務或產品的品質，這時候需要推動技能標準化。

一般來說，企業首先使用的是輸出標準化，其次是流程標準化和員工技能標準化。大部分企業在早期階段一般組合使用「相互協調」＋「相互監督」＋「輸出標準化」（可能使用部分的過程標準化和員工技能標準化），因為輸出標準化對於大部分企業是適應的，並且容易達到。很多企業長期處於主要使用這三種管理機制的階段。當這三種管理機制的效率不能進一步滿足要求時，「過程標準化」和「員工技能標準化」才成為企業的選擇。

在這個過程中企業會遇到兩個主要的障礙。

其一，公司內部政治鬥爭陷阱。當企業由重視相互協調和監督向強調標準化轉型時，就會在企業內部建立新的機構，這時候企業的中間層、職能部門就會應運而生。企業間的權力和公司內部的政治鬥爭也隨之展開。初創期間，管理者必須向技術部門、職能部門以及中間管理層讓出一部分「協調權和監督權」，而職能部門、技術部門和中間管理層以「標準化」為名義介入業務管理。業務部門會抱怨專業部門官僚作風、行動不敏捷，職能部門則會抱怨業務部門不聽指令、沒有大局觀念、能力欠缺，綜合管理者天天陷入此類的抱怨，非常頭痛。

其二，投機性經營意識轉型障礙。企業在發展前期，主要靠一線人員的能力和責任心實現增長，企業會強調一線人員的主觀能動性，充分發揮其協調和監督作用，這種方式在早期快速發展的市場上很容易成功，也是早期市場增長的重要路徑；但在規模化發展到一定階段或業務已經進入存量時代，企業須加強標準化和能力建設，適當降低對透過牛人發揮「協調」和「監督」作用推動業績增長的路徑依賴。很多業務的領導人其經營的重點還是「攢牛人」邏輯，頭腦中機會型增長的投機思維很強，必將付出慘重的代價。

如果職責部門的權力強化到一定的程度，工作標準化、輸出標準化和員工技能標準化的程度要求越高，企業的官僚化特徵就越明顯，形成兩種企業形態，一種是機械官僚制企業結構，一種是專業官僚制企業結構。

機械官僚制企業結構的策略高層具有主要的權力，其他人有很少的權力，大部分按照標準化流程在營運，所有非常規事項主要由企業策略高層決策，一般情況下層級較多。如國內很多的大型國有企業，基本都是這樣的企業結構，常態事務營運按流程進行，非常態事件由策略高層決策。這種企業有兩個缺點：一個是資訊經過多層傳遞才能到達策略高層，因此速度慢，資訊會產生自然損耗或非人為失真；二是決策晚，資訊逐級上報傳遞到高層時，往往已經失去決策時效。

專業官僚制企業結構是企業策略高層和管理層在企業中擁有較少的權力，專業技術機構與營運人員擁有決策權，是一種相對民主的企業結構，專業人士具有高影響力。如學校、醫院、專業研究機構都採用這種企業結構，醫生和專家在醫院擁有較高的權力。一旦這種機制受到破壞，專業水準和業務營運水準會下降。

機械官僚制與專業官僚制企業的共同的成功特徵是「規模、控制、角色清晰性、專業」，這些特徵對於進入規模化和常態化營運的企業來說是有利的，但對保持企業對外界的適應性、敏感性、靈活性、客戶導向是極大挑戰。

華為公司在2000年左右銷售額就已經突破200億元，相關多元化策略取得明顯進展，從單一研發生產銷售程控交換機產品逐漸進入到行動通訊、傳輸等多類產品領域，華為成為一家提供全面的電信領域解決方案的供應商。

華為原有的集權式的直線型企業結構已經成為業務發展的桎梏，主要展現在兩個方面：一是沒有專門的職能結構，在專業化建設方面面臨困境；二是員工的數量接近8000人，管理者負擔變得越來越重，原有企業結構的效率越來越低，協調工作也越來越多，用企業的標準化代替企業協調和監督機製成為必然趨勢。

於是，華為開始進行企業結構的調整，並建立事業部與地區經營部門相結合的二維矩陣式的企業結構（如圖11-3）。

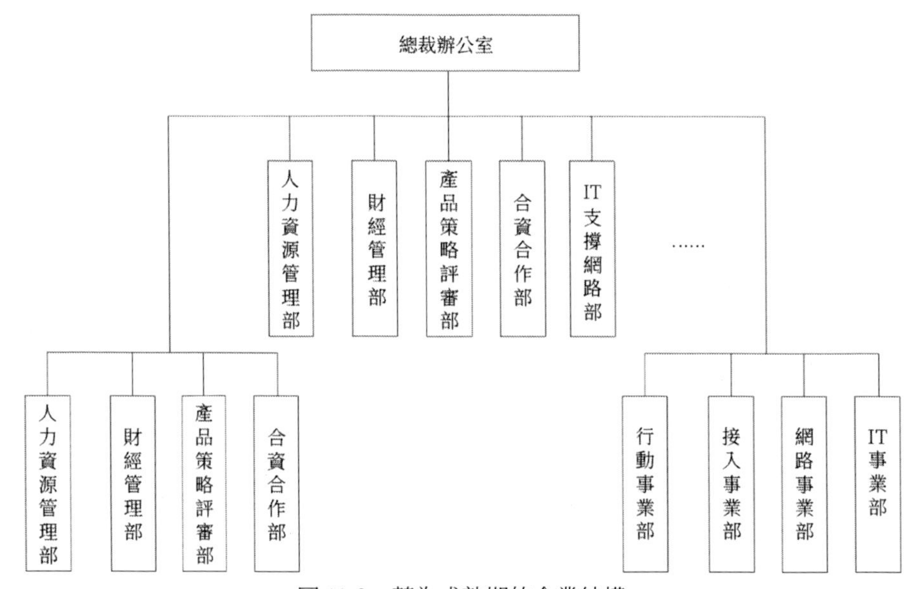

圖11-3　華為成熟期的企業結構

此時華為公司的基本企業結構是一種二維結構，一部分是按策略性事業劃分的事業部，一部分是按地區劃分的地區公司。事業部擁有獨立的經營自主權、實行獨立經營和核算，領導產品的設計、生產製造及銷售活動，是產品責任部門和市場部門。為了完成客戶的多樣化需求，華為的事業部在很多情況下都是聯合作戰。地區公司在公司規定的區域市場內有效利用公司的資源獨立開展經營，協調使用各種資源。而公司的管理資源、市場資源、財務資源、人力資源、研究資源、資訊化系統資源等，是公司的公共資源。

華為這種二維矩陣式企業結構變革，強調了總部在三類標準化中的作用，透過事業部制建立了中間層。這種企業結構，既保證了以產品線為核心的事業部的靈活性和積極性，發揮了產品線的統一規劃和產品發展能力，強調了專業機構的標準化管理和輸出功能，又確保了區域結構的靈活性，並透過共享為財務和人力資源等服務極大節約了華為的綜合成本，有利於華為在人力資源等領域建立專業性和核心能力，為華為的規模化發展開啟了企業空間。這樣，華為從2000年到2002年經過短暫的停滯後，在2003年又獲得了一個爆發式的增長，收入規模首次突破300億元人民幣，為華為的全球化發展奠定了非常好的基礎。

事業部制是一種特殊的機制，事業部制的出現解決了多元化企業的管理效率問題。事業部制一般是按業務線成立的，擁有與生產經營有關的事務的相當程度的決策權，在人力、財務等方面與集團公司分權的機制。事業部作為主要利潤主體享有大部分的權力，為確保其協調能力和面向市場的快速反應能力，集團對事業部一般採取績效控制的方法進行管理。事業部一般情況是建立在機械官僚制基礎上的。

在事業部制下，總部一般擁有五項管理權力：批准企業的總體產品和市場策略、總管統管財務資源、總部設計績效控制系統、任命事業部總經理並關注核心團隊領導梯隊、提供共享服務。

一般情況下，針對波士頓/GE矩陣的「明星」產品應該採取事業部制。事業部負責人應該擁有綜合全面的素養，對產品技術和行銷都有特長。

對確定投資的「問號」產品，應該根據規模的預測和企業要求的發展速度，適時建立獨立經營的事業部企業，規模空間越大，企業要求的發展速度越快，專門經營企業（或事業部）的建立越早，越有利於業務的發展，當然寧可付出一定的管理成本。這時候要選拔有規劃能力、勇於冒風險、有才幹的開拓型人才實施突破。

對於「瘦狗」產品，可以與其他事業部合併，統一管理，以降低協調壓力和管理成本。

某知名軟體公司在2003年左右曾經認為OA辦公系統是未來的發展趨勢，預計有百億以上的市場空間，市場領先者可望取得20億元左右的市場份額，在該公司波士頓矩陣中定位於可投資的「問號」業務，同時處於「問號」業務的還有HR管理軟體和生產製造軟體。該公司的明星業務是財務軟體產品和ERP供應鏈產品。該公司在2004年推出市場技術領先的OA系統軟體，在企業結構設定上，總部設立一個產品研發與管理部門，銷售企業與財務產品、ERP等軟體產品共用銷售企業。3年以後的商業結果是OA業務一直處於「問號」業務位置，市場占有率越來越低，直到最後退出市場。極具諷刺意味的是：雖然自己的OA沒有賣好，國內的一個OA軟體公司居然透過該公司的管道實現銷售業績大幅增長，一舉成為市場占有率第一名的OA供應商。該OA軟體公司做法是在軟體公司的每個行銷機構配置專門的銷售和顧問人員，與軟體公司的銷售人員共同梳理商機和拜訪客戶，支持銷售，並提供一定的服務佣金。從這個案例我們可以看出：OA的市場判斷是沒有問題的，沒有設立專門的經營企業導致了商業意圖不能實現，對於規模越大、期望增幅越快的業務，須在早期設立獨立的營運企業，否則必然抑制其快速發展。

決定了基本的企業結構以後，應進行細緻的企業結構設計。分組是細緻的企業結構設計的核心工作，不同的分組方式可以幫助我們達到不同的策略目標。基本的分組方式一般按照活動、產出、使用者三個維度，也會出現幾種分組並行的綜合分組模式。沒有完美的企業結構，只有適宜的企業結構。每一種分組都有其優勢，也有其缺點，企業應該根據自己的業務階段，決定與之相適合的分組模式。

按活動分組，即把共同職能、學科、技能或者工作程式的人集合到一起。這種分組的方式，因為履行同樣職能和從事同樣活動的人可以在企業內部共享資源，能夠確保資源使用的最大化，也有利於發展專業能力和累積專業知識，成就具有技術和學科優勢的大量專家。因此這種企業結構可以用於大規模生產創造廉價的產品，取得成本優勢；也可以用於發展專業化的能力，取得技術和專業的優勢。但這種分組模式的缺陷也很明顯，只有高層才有權把握整體狀況，需要一個上帝之手在不同單元或活動進行協調。由於不同單元間的協調性和一致性比較差，提高每個單元的客戶意識和市場意識也是挑戰，他們往往更強調工作的品質，而不關注銷售量或顧客滿意度。

按客戶分組，即按照客戶類型把相同活動的人企業在一起的分組模式。由於資源都集中於特定的客戶分組，人們都圍繞客戶在工作。這種分組的優勢是不同的活動之間容易溝通，能夠進行跨職能的溝通，能夠實現面向客戶的定製化和一體化解決方案，特別有利於複雜化的解決方案業務，適合對重點客戶實施範圍經營，提高了對客戶的響應速度。但這種分組方式的缺陷也是明顯的，就是資源配置是重複的，提高了成本，失去了職能和活動的專業化，將業務導向複雜化，不利於產品化發展。

所謂綜合分組模式是指在一種企業設計中綜合使用以上兩種模式。由於以上兩種模式各有優點和缺陷，按活動分組適合專業化和大規模生產，從而取得專業優勢或成本優勢，但不利於合作；按產品分組，適合於規模經濟，內部的合作極強，有利於增強企業的產品力，但不利於客戶化和專業化；按客戶分組，適合於範圍經濟，內部的合作極強，但不利於產品規模化。企業結構設計者總是想達到多重目的，於是綜合分組模式就產生了。綜合分組模式，為了追求多種目標，帶來企業結構的複雜性和高的實施成本。

某醫藥公司在藥品集採後，面臨一種生產經營狀況就是產品數量越來越多，但產量不均衡，不穩定，若按一種產品設定企業結構和配置人員，就會出現很大的人員冗餘，導致較高的生產成本。在多產品、小批次的情況下，如何進行有效的企業設計，在確保品質的前提下降低生產成本？

該公司在企業設計過程中，認真分析了不同產品的技術差異、生產流程和工藝的差異、生產的均衡性、設施的通用性、不同產品人員素養和技能要求的差異，在企業設計時靈活地採用了多種分組模式，有效地解決了多產品、小批次的生產企業難題。

各個模組的分組方式如下：

生產計劃模組：按活動分組，不考慮產品特性，重點關注按訂單生產和按計劃生產的策略。

生產營運模組：對於生產管理職位，如生產主管和工藝主管，按產品分組，可以跨產品線生產，跨產品生產時配合輔助管理。對於人工，則採取更加靈活的分組方法。對於罐裝和配液類操作工人，考慮績效可變數、操作文化與操作習慣分組，總體上是無菌操作。工人可以實施非無菌跨產品線操作，非無菌工人不可以實施無菌跨產品線操作。同時強化OJT訓練體系，提高跨產品生產的訓練水準，增加品質過程檢查程式和次數，確保跨產品操作轉換期的操作品質和穩定性。對於包裝類工人只按活動分組。

品質管制模組：針對進料和產品檢驗，按中藥、西藥、輔料、包裝四種形式進行活動分組，不考慮產品線分組。對於生產過程品質管制，品質主管按產品線分組，人員可以跨產品線調動，主管在跨產品線生產時擔任輔助管理者。對於體系、品質管制，不進行分類。

裝置管理：按照活動分組，只考慮裝置類型，不考慮產品線。

產品力提升與技術轉移：嚴格按產品線分組，以確保有專業人員負責產品提升。

工廠管理：按工廠配置工廠主任，負責工作現場的生產協調與人員管理。

為了實現成本最佳化，本企業設計總體是按照活動分組的，在部分領域按產品線分組。為確保產品品質和滿足法律法規的要求，對績效可變數大、操作習慣和文化差異較大的職位，嚴格按產品分組，即使這個過程中產生了一定的成本。

為了解決按活動分組帶來的連繫和溝通問題，設定三個職位，分別是生產排程職位、產品力提升與技術轉移職位、工廠主任職位。其中生產排程職位是多產品生產企業的連繫性職位，產品力提升與技術轉移職位是解決單一產品力的連繫性職位，工廠主任負責同一生產現場人的連繫與矛盾協調，以及現場生產的即時溝通和協調。此外，生產主管和工藝主管則負責生產企業和工藝管理的連繫。這些設計，從根本上解決了按活動分組後圍繞產品線產生的協調問題和專業能力問題。按產品分組的人員和按活動分組的人員，隨時組合，即插即用，有序生產，在保障品質的前提下，提高了生產效率。

這種運轉體制對於以下四個方面提出了較高的要求：跨產品的生產計劃與策略能力，精細化的企業設計能力，基於多職位的職位職責、晉升路徑和薪酬策略的設計，訓練與員工操作標準化。

針對以上四個方面，在實際的管理實踐中，企業需要建立IT系統，並透過制定多產品線的生產策略、庫存策略來提高生產計劃的均衡性。需要分析各個職位的特點，做出合適的企業設計，以便同時確保品質和效率，適應多品種小批次生產、生產計劃高度不均衡的情況，並且滿足相關法律法規要求。新的職位設計打破了原來基於產品線的員工職業通道和職位設計，因此需要建立新的職業發展通道、職位標準和薪酬體系，解決員工發展問題。由於增加了跨職位的人員流動性，對訓練體系的要求更高，因此更新訓練系統成為支持企業設計的重要行動。

設計完分組模式以後，企業結構的基本框架得以建立，我們把某些人集中在一起，使他們便利地開展工作，我們同時又將某些人分開，使他們不便利地開展工作，那麼有著共同利益和責任的部門和業務之間就會建立起一個個壁壘。

企業在設計好分組以後，就可以出現共享企業結構的情況。企業可以共用前端企業結構，如企業選擇共享行銷機構，也可以選擇共用中臺，如共用生產、物流、採購等功能，或共享後臺，如財務和人力等功能。拿最典型的企業選擇共享銷售機構來說，一般出於以下兩種原因。

一是新業務或產品規模不夠，建立事業部制會在短週期內形成較大的成本；二是希望新業務或產品能夠與老業務整合行銷，對原有客戶實施範圍經營。

共享行銷企業對於發展「問號」產品是一種並不高明的做法。原因如下：

一是銷售人員更傾向於銷售成熟產品。因為「明星產品」市場知名度更高，銷售難度低，容易成單。採用配額管理和加大激勵的方法雖然可有一定的改善，但作用不大，不能從根本上解決銷售一線的精力投放問題。

二是共享銷售企業所能承載的產品數量是有限的。銷售管理的核心問題是時間分配，總時間是確定的，投放產品個數越多，後續產品的推動能力越差。

三是不同類型的產品對團隊的文化要求和人員能力要求不同。價格的差異、產品的內容差異等都是決定是否共享行銷企業的關鍵因素，差異越大，共享行銷企業成功的機率便越低。如有的公司將產品型業務、解決方案業務共享銷售企業，還有公司把高客單價產品與低客單價產品共享行銷企業。這些企業設計都不利於其中一個業務和產品的發展。

四是共用行銷企業導致業務的可見性降低，流程出現了不通暢的情況，會極大影響運轉效率。產品管理部門發布產品資訊後，不知道企業的哪些人接收了資訊、誰在執行相關的政策、執行過程遇到了什麼問題，需要一段時間透過經營結果才能反映出執行情況，然後再修正，再等待，惡性循環，極大地影響推動效率。

五是共用行銷企業會導致其他產品和需要投資的「問號」產品爭奪財務資源。對於「問號」業務，企業主要關注客戶數量增長、市場規模擴充套件、顧客滿意度、持續購買比率等指標，而「明星」產品和「現金牛產品」往往有較大的盈利指標要求。共用企業的部門往往迫於總體的利潤考核要求，會降低重要投資的「問號」產品的投入，以追求較好的業績數字。

營運機制規劃與設計

企業結構的設計已經大體上規定了一個部門的權力邊界，在相當程度上決定每個部門的權力空間。企業是按一定的流程展開工作的，部門權力設計會受限於決策流程的許可權定義、分配和排序。

我們要清楚一個流程中的權力分配過程，就必須搞清楚決策形成並執行的過程遵循什麼樣的流程。

對於一個任務工作而言，通常情況下的分權設計如下：

收集權：企業的相關人員對各類資訊收集採取定期和不定期的機制，獲取可能對企業執行和經營成果帶來影響的資訊；

建議權：企業的相關人員向決策層提出策略和行動的建議；

決策權：企業做出採取哪個策略和行動、放棄哪種策略和行動的決定；

授權：企業決定是誰負責實施決策的行動；

執行權：企業執行上級的決策，並取得相應的結果；

監督權：企業決定是誰對過程的規範性進行事後的監督；

評價權：對流程取得的績效和結果進行評價的權力。

我們可以將前五項權力稱之為「過程權力」，將第六、第七項稱之為「事後權力」。為提高企業的效率和敏捷性，不要過分地擴大和使用過程權力，對於只對結果有要求和實施輸出控制的業務流程，可使用事後權力。

企業確定權責的一般流程如下：

第一步，本流程的追求目標是什麼(如品質、效率、公平性等)？

第二步，上級應該採取過程權力，還是事後權力？這與控制模式是否匹配？如果是事後權力，是監督權，還是評價權？

第三步，如果是過程權力，哪些權力應該自上而下或沿水準方面分派下去？

第四步，這些權力應該分配到哪個層級？

第五步，這些人行使權力的能力如何？

第六步，權力的分配是否有助於達到流程目標？

第七步，如何對權力的應用結果進行管理？

所有流程複雜、效率緩慢和內向化的企業，從根本上不外乎以下三個原因。

一是錯配使用過程權力與事後權力。應該使用事後權力，錯誤使用過程控制權力，如事業部制條件下，總部一般建議僅有五項權力（見前文），但很多公司任意增加過程權力，違背了事業部制的設計目的，帶來了極高的管理成本，降低了效率，導致內部相互抱怨。

二是過程權力控制過嚴。過分地強化過程控制權，並且在過程控制權的基礎上疊加事後控制權，不能平衡流程風險和流程效率，過分強調標準和風險控制。過程權力每增加一層，企業的效率、靈活性、下級部門的自主性便隨之降低，資訊的失真性也同比例降低。

三是平行分權過多。平行分權過多，會降低內部的效率，且不會提高企業對風險的控制水準。通常最容易出現的是在建議權維度的分權現象，有時候甚至出現十幾個部門均有建議權的現象，他們不能決策，但可以提出建議或否決，這只會導致「文山會海」和「推責文化」。管理者不僅需要思考「這件事需要什麼部門參加」，而且要經常思考「這件事不需要什麼部門參加」，這兩個思考同等重要。

企業決定企業結構和權力分配以後，就會決定工作流程、職位編制、職位職責等方面內容，並將以上內容清晰化，發布後續實施的決策。越傳統的企業結構對清晰化的要求越高，需要明確地規定權力的內容、等級、操作方法，並透過職位規範去履行。而對於靈活性高的企業，人們需要完成多種任務，要不斷地學習新的技能，並且要求前往新的工作場所和接受新的工作指派。過分地強調職責清晰性可能抑制企業活性，職責定位可存在一定的模糊性。

績效評估與激勵規劃設計

激勵機制設計是指企業為實現其目標，根據企業的策略目標制定相應的考核標準和分配制度，以激勵成員積極性，達到企業利益和個人利益的一致，實現透過企業目標體系來指引個人的努力方向。激勵機制設計的核心是基於部門、個人的行為規範或績效要求建立分配制度。

有家從事CRM軟體解決方案業務的公司，在策略上要進行客戶經營轉型，口號喊了好多年，也沒有根本變化。客戶經營轉型不僅是一次行銷轉型，本質是一次經營轉型，策略上必須實施配套的措施，其中重要的一個方面是績效考核。所有進行客戶經營轉型的公司，薪酬結構上要調整固浮比，提高固定部分的比例，同時調低財務指標的權重，強調能力指標和過程指標的重要性。既要確保銷售人員眼下沒有吃飯之憂，又要確保對銷售人員的銷售行為的有效性進行管理，銷售人員才可能進行長線的、有效率的客戶經營。如果不能解決這個問題，銷售人員就會把精力投放到中小客戶上，快速取得業績，大客戶的重點經營就成為一句空話。

基於績效的激勵能夠激勵人們走向卓越，沒有激勵，就無法取得卓越的績效。激勵分為外部激勵和內部激勵，外部激勵是個人看重的實物和金錢，內部激勵是個人的成就感、自豪感、愉悅的工作心情，他們感覺到自己成就了某件事或獲取了想要的事物。外在激勵的效果一般具有較短的時效性，其分量須大到讓個人覺得自己為此付出任何努力都值得。內部激勵具有更長的時效性，個體對自我的發展的預期通常具有更強的激勵，因此需要重視績效輔導與回饋。不僅應該強調績效管理的考核和經營管理功能，更應該強調績效管理的人才發展功能。大量的實踐證明，人們一旦把自己當下的工作與個人的長遠發展目標結合起來，就會產生長久的動力，即使面對較差的外部激勵也能克服。

眾多的企業往往有一種傾向：過分地強調薪酬和績效激勵措施的作用，就會進入到物質激勵和刺激的惡性循環，最後企業往往付出較大的成本卻未必得到想要的效果。

談到考核激勵政策的設計，不得不提到美國心理學家赫茨伯格1959年提出的「雙因素理論」(two factor theory)，亦稱「激勵——保健理論」。他把企業中與人的積極性和員工績效有關的影響因素分為兩種，即滿意因素和不滿意因素。滿意因素是指可以使人得到滿足和激勵的因素，不滿意因素是指容易產生意見、抱怨、不滿和消極行為的因素，他稱之為保健因素。

保健因素的內容包括公司的政策與管理、監督、薪資、同事關係和工作條件等。這些因素都是工作以外的環境因素，如果滿足這些因素，能消除不滿情緒，維持原有的工作效率，但不能激勵人們更積極和正向的行為。

激勵因素都與工作本身或工作內容相關聯，包括取得的成就、人們的讚賞、工作本身的意義、工作的挑戰性、責任感滿足、職位的晉升和發展等。這些因素如果得到滿足，可以使人產生很大的激勵，若得不到滿足，工作的積極性和績效結果就會變差，但也不會像保健因素那樣產生不滿情緒。

赫茨伯格的理論給我們的啟發是：

第一，不是所有的需要得到滿足就能激勵起員工的積極性，只有那些被稱為激勵因素的需要得到滿足才能調動員工的積極性；

第二，不具備保健因素時將引起強烈的不滿，但具備時並不一定會調動員工強烈的積極性；

第三，激勵因素是以工作為核心的，主要是員工在工作進行時發生的能夠促進其積極性的因素，與領導和團隊氛圍有密切的連繫。

保健因素是指造成和引起員工不滿的因素，是企業的維持性因素，一般均與工作環境和工作關係相連繫。保健因素不能得到滿足，則易使員工產生不滿情緒、消極怠工，甚至引起罷工等對抗行為；但在保健因素得到一定程度改善以後，無論再如何進行改善的努力往往也很難使員工感到滿意，因此也就難以再由此激發員工的工作積極性。就保健因素來說，「不滿意」的對立面應該是「沒有不滿意」。薪資報酬、工作條件、企業政策、行政管理、勞動保護、領導水準、福利待遇、安全措施、人際關係等都是保健因素。這些因素均屬於工作環境和工作關係方面的因素，皆為維護心理健全和不受挫折的必要條件，故稱為維持因素。它不能直接起激勵的作用，但卻有預防性。

激勵因素是指能讓員工感到滿意的因素。激勵因素的改善而使員工感到滿意的結果，能夠極大地激發員工工作的熱情，提高勞動生產效率；但激勵因素即使管理層不給予其滿意滿足，往往也不會因此使員工感到不滿意，所以就激勵因素來說，「滿意」的對立面應該是「沒有滿意」，即「滿意的對立面並不是不滿意而是沒有滿意，不滿意的對立面並不是滿意而是沒有不滿意」。

他認為真正能激勵員工的有下列幾項因素：

一是享受工作表現的機會和工作帶來的愉快感；

二是工作上的成就感；

三是由於良好的工作成績而得到的內部獎勵；

四是對未來發展的期望和職業生涯的高速發展；

五是職務上的責任感等。

這種因素是積極的、影響人的工作動機並長期起主要作用的因素，是員工工作動力的源泉。赫茨伯格認為，應千方百計地增加「激勵」因素，過分增加的薪酬等保健因素，對業績的提升並沒有多大的作用。

華為的成功與激勵體系的設計有很大的關係，華為建立以策略為導向、基於價值貢獻、以奮鬥者為本的多元化激勵機制。

分權：任正非特別強調授權，要求一線聽得見炮聲的人來指揮作戰，將指揮所建在聽得見炮聲的地方。華為的輪值CEO制度，就是一個有力證明。

分利：華為的薪酬激勵非常豐富，包括它的寬頻薪酬、獎金、虛擬飽和配股、TUP期權激勵、各種專項獎方案等。華為公司針對不同的員工設計不同的激勵政策，確保「讓基層的員工有飢餓感，中層員工有危機感，高層的員工有使命感」。基層員工最希望改善自己的物質生活條件，物質激勵對他們最有效。為了激勵華為員工前往艱苦地區工作，華為會為艱苦地區工作的員工提供「艱苦補貼」。在海灣戰爭期間，派駐到伊拉克的基層員工能夠獲得的艱苦補貼高達近200美元/天，最後導致基層的員工紛紛申請前往伊拉克工作。

分名：華為建立了各種榮譽體系，如「藍血十傑」、「明日之星」或者各種首席專家的頭銜等，其本質都是「分名」。

任正非特別重視策略牽引。對於策略性的專案，當期不能產生經濟效益，但對公司持續發展的意義重大的，會為其設定單獨的激勵機制，主要包括：幹部的晉升、配股、專項獎等。另外一個例子是，如果幹部被派到一個被稱為「鹽鹼地」的市場，或者是競爭對手的「糧倉市場」，這些地方業績指標可能不好，但只要被派去的人能攻破一個口子，拿下一個山頭專案，往往就能夠得到火線提拔。華為把當期產糧多少來稱之為經濟貢獻，把對土壤未來肥沃的改造稱之為策略貢獻，在激勵設計上兩者統籌兼顧，不讓老實人吃虧。

華為的價值分配有兩個基本的機制，一個是獲取分享制，按照業務單元創造的利潤，按多勞多得原則，以獎金的形式進行分配；一個是評價分配制，適應於沒有經濟效益、或者暫時無法評價經濟效益的業務場景（比如新業務、新區域或者中後臺部門等），根據一定的標準或者基線進行評價和分配。

華為倡導以奮鬥者為本的價值分配體系。華為把員工分為三類：第一類是普通勞動者，他們是華為12級以下的員工，他們的待遇和市場平均水準差異不大；第二類是一般奮鬥者，大概占全體員工的60%～70%，這部分員工儘管也有著奮鬥的傾向，但他們不是積極的奮鬥者，華為會保證他們的報酬略高於市場水準；第三類人就是華為公司所倡導的真正的奮鬥者。他們寧願放棄安逸的生活，放棄假期和個人利益，是華為公司核心的奮鬥者，是華為的中堅力量。華為的獎金分配、股票激勵、晉升和成長的機會優先向他們傾斜，保證他們有豐厚的收入，並達到業界最高的水準。

第十二章　關鍵能力與關鍵人才

人才管理流程，即根據企業策略目標透過人才辨識、鑑定、評估和發展以建立人才庫，發展人才梯隊，促進人才保留從而保持和改進企業能力的一系列的過程。以人才為核心的企業應該全力以赴地吸引、保留和培養合適的人才，仔細評估、應徵和培養企業所需的人才。

在傳統的企業中，很多人認為人才管理是人力資源部門的專項工作，其他管理者都是處在從屬和配合的位置。這種誤解造成了人才管理流程運轉的低效，甚至與公司的策略管理流程脫鉤。事實上，所有管理者都應該是人才管理流程營運的主體，只有所有管理者都參與到這個過程中來，才能讓人才管理流程真正地成為企業策略執行的助推器。

企業要實現人才致勝，必須建立業務驅動的人才管理模式和思維，必須十分重視關鍵職位辨識和人才獲取策略，必須十分重視企業的人才流動性管理，必須極其重視高潛人才的辨識和培養。

業務驅動的人力管理模式和思維

人在事前，先人後事，人是衡量企業未來前景的先行指標。聰明的管理者總是先考慮人，再考慮績效。

企業的人才管理模式分為兩個層面，分別是人才管理的策略層面和人才管理的供給層面（如圖12-1）。策略層面負責人才策略與企業策略目標和方向的對接，供給層面負責透過選、用、育、留供給策略所需要的能力。

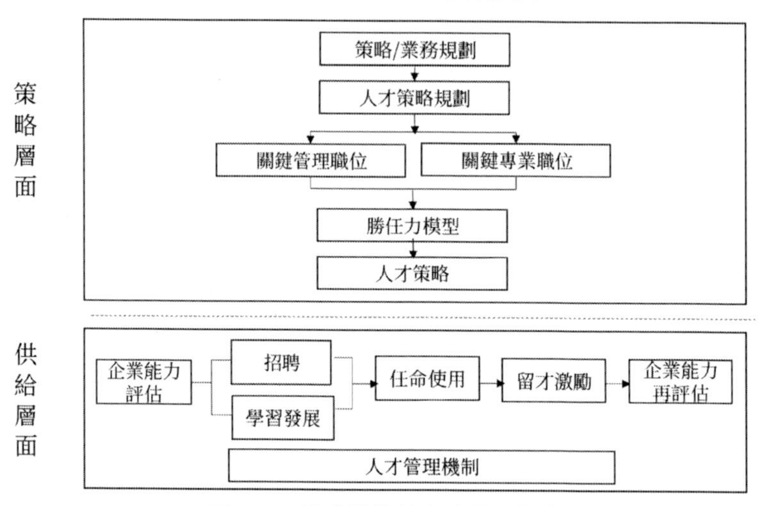

圖 12-1 業務導向的人才管理模式

策略層面的流程和步驟如下：

第一，明確策略與業務計劃：定義清楚的業務目標和實現路徑是什麼。

第二，明確企業關鍵能力：明確實現策略目標的企業關鍵能力是什麼，這些關鍵能力展現在哪些職位上？

第三，明確能力標準：關鍵職位的人需要什麼樣的關鍵能力和關鍵經驗，需要什麼樣的技能？

第四，明確獲取策略：關鍵人才資源如何獲取，是培養、應徵、內部調劑，還是從第三方夥伴獲取，配套的人力資源措施是什麼？

供給層面的流程和步驟如下：

第一，企業能力評估：對目前職位上的人進行特質、關鍵能力和技能評價，判斷相關人員與本職位人才標準的匹配度如何，判斷其能力的可發展性；

第二，應徵：對於企業缺乏和不能培養的關鍵人才，實施應徵；

第三，學習發展：對具有一定可發展性的人才，實施輪崗、培訓等方面的發展方案；

第四，人才決策與使用：透過一定的決策機制把相關人才配置到關鍵職位上；

第五，保留和激勵：對於重點人才定期進行績效評價，並採取保留和激勵措施；

第六，企業能力再評估：對人才管理的策略和供給層面的建設成果進行評價，評估與策略目標的匹配，並提出改進措施。

中國某家網際網路大廠企業的主要業務是透過眾包物流將海鮮產品和水果送到消費者家中去。當時企業在10個城市擁有城市站，而企業的策略目標是在一年內將城市站建設成50家，3年內建設成300家。每個城市站的發展意圖是在每個城市建設若干3000米商圈，快速覆蓋消費者，全方位融入當地生活圈，透過場景行銷建構競爭力。

城市站總經理是發展這項O2O（線上到線下）業務的關鍵職位。每個城市站總經理一般管轄40～100人，下設營運部門、行銷部門、BD（商務拓展）部門、行政人事部門，在總部的統一指揮下，獨立地發展本城市站的業務。理論上，此業務的擴張速度取決於城市站總經理的應徵與發展速度，有多少個合適的城市站總經理，就能覆蓋多少個城市，即能產生與之匹配的業務規模。

那麼城市站總經理的人才管理策略應該如何設計？由於該企業一直有使用管培生的傳統，在人才獲取策略方面，到底是用「管培生＋集中培訓＋較長週期輪崗」方案，還是用「社招＋集中培訓＋少量輪崗」方案？哪種人才獲取策略才能支持業務的快速發展？管理層一直在猶豫。

經過專家的介入，大家對城市站總經理的工作角色定位有三個方面：即團隊領導者、商業管理者和創業者。作為團隊領導者，需要帶領和監督他人完成企業的經營目標；作為商業管理者，要設計相應的行銷場景，選擇和設計適合本城市的產品和行銷方案，實施本地化推廣；作為創業者，要在當地發展各種對外關係，發展與線下合作者的關係，開拓市場。

透過進一步的調研，鎖定城市站總經理的核心能力要求有四條：「創業熱情、商業敏感度、團隊領導與影響、執行督導有力」，人才畫像是「一個有熱情、有執行力和影響力的生意人和創業者」。

同時，他們必須具備以下兩方面經驗：一方面是「領導團隊完成任務的經驗」，另一方面是「商品品類或零售行業經驗」。具備這兩方面有效經驗的人，具有「商業敏感度、團隊領導與影響、執行督導有力」三個能力的可能性較高。

那麼，想要得到這樣的人才應該採用什麼樣的人力資源獲取策略呢？顧問的建議是採用社會應徵，招有創業熱情的「商品品類或零售行業經驗」的人，有過帶領團隊的經驗，採用集中培訓和快速輪崗（3 ～ 6個月）的方法，支持生鮮到家業務的快速擴充套件。

為什麼要採取這樣的人才獲取策略呢？因為大學生中具有「領導團隊完成任務的經驗」和「商品品類或零售行業經驗」的人較少，並且這些能力和經驗是培訓的手段和短期培養比較難以達成預期的，而是在長期的生活、工作經歷中形成的。如果使用管培生，讓他們在工作中去發展這些關鍵能力和獲取這些關鍵經驗，失敗機率極大，並且時間成本和機會成本極高，最重要的是有可能失去快速占領市場的機會。

在這個案例中，關鍵職位的辨識和人才策略的確定在相當程度上影響了策略目標的實現。業務發展的速度實際上是由關鍵職位的人才獲取效率和發展效率決定的。

高效的管理者往往也是企業中的人才管理大師，他們深深懂得「人即績效」的道理，他們堅信：先人後事，發現和培養員工才是企業成功的關鍵。他們不斷修煉自己的相人之術，不斷地對人才做出判斷，不斷地透過任務過程「以事修人」並檢驗自己的假定，不斷累積自己的人才管理經驗。

關鍵職位辨識與人才決策

人才管理和財務投資遵循相同的原理，應該聚焦在決定業務成功的關鍵職位和關鍵人才方面。策略職位的辨識有利於企業策略目標的傳遞與實現，使企業的策略目標能夠及時傳遞給其內部的關鍵職位，使企業策略目標的實現得到可靠的保證。

那麼我們如何定義和辨識關鍵職位呢？我們對於關鍵職位的判斷，一般要考慮兩個主要維度，一個是職位的策略影響性，一個是職位的績效可變數。我們把符合這兩個維度要求的職位，稱之為關鍵職位。

對於策略影響性，我們一般考慮該職位對於策略目標達成的影響程度、失敗的危險性、缺失的風險、人才市場的供給充分程度、在價值鏈實現中的地位。

對於績效可變數，我們主要考察：如果該工作由不同的員工承擔，做的好和做的不好的績效差異有多大？如果存在較大的差異，則意味著應該被辨識和重點管理。

關鍵職位可能同時符合以上兩種特徵，也可能只符合其中的一種特徵。航空公司的飛行員是關鍵職位，在沒有出現特殊條件下，這個職位的績效可變數不大，但策略影響性很大，一旦出現問題，就會給航空公司的營運帶來極大的影響。保險業的銷售是保險公司的關鍵職位，這個職位既具有策略影響力，又具有績效可變數，不同的員工績效差異極大。

確定關鍵職位以後，定義人才標準成為關鍵，這是人才管理的基礎，為企業制定人才獲取策略和培養方案提供框架。角色模型是企業經常使用的人才標準工具，角色模型由角色描述、能力要求和經驗要求三部分構成。

角色描述、能力要求和經驗要求的關係可以如圖12-2所示。

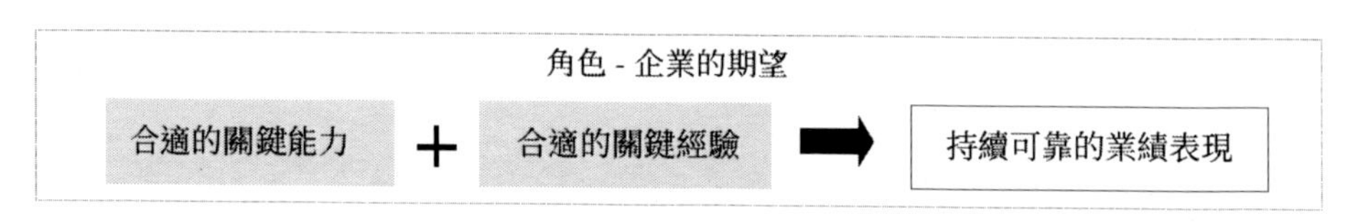

人才要求	聚焦的核心問題
角色	澄清職位在企業中所承擔的關鍵責任和對企業的獨特價值
能力	要履行職位角色，需要什麼樣的能力？ 導致業績差異的最為關鍵的領導能力是哪些？
經驗	要履行職位角色，需要什麼樣的經驗？從這些經驗中個人能得到哪些能力的提升？

圖 12-2　角色描述、關鍵經驗和關鍵能力之間的關係

角色描述

企業期望該職位的人展現什麼角色？每個角色都需要完成哪些典型任務？角色本質是一種社會關係，反映了企業內部相關利益者的要求。企業對角色的期待應具有前瞻性，應反映企業未來3～5年的要求。在定義角色時，我們經常問的問題是：「為適應未來3～5年的業務發展要求，企業對這個職位的期待是什麼？」、「成功履行哪些任務，就能夠承擔企業賦予的職責？」

能力要求

能承擔這個角色的人需要哪些先天和後天的能力？最重要、最優先的能力是什麼？哪些能力不重要？關鍵能力是指「少數的、有根本性影響的能力」，關鍵能力必須足夠突出，也就是「長板」要足夠「長」。關鍵職位的員工的關鍵能力在人群中是否處於高分位是確保執行力的關鍵，某項關鍵能力在人群中的分位排名越高，就能確保職位的執行力越強。如果一項關鍵能力不達標，又沒有合適的替代方案，就足以支持對人事提案的否決。

在制定人才標準的實際操作中，一定要控制關鍵能力的數目。大部分企業沒有有效地辨識關鍵能力，將關鍵能力和非關鍵能力混淆，導致人才要求不聚焦，不突出。這導致企業在人才決策時，圍繞多個能力項綜合評分，最後關鍵能力不突出的人，反而被選拔出來，這些人往往不是最有執行力的人。這就好像國中生考試，主科和副科一起計算分數，課程項目越多，選拔出來的就是那些均衡的人，而不是主科成績極其突出的人。

我們必須意識到：若要求多個能力項是高分位的，這樣的人在現實中往往是找不到的。沒有辨識關鍵能力，選擇平庸的全才，這是目前企業人才選拔和決策的主要失誤，在多人參與人才決策的情況下，其效應往往又會被放大。

軟體研究職位的總應用架構師，對於概念化能力和系統思維能力要求極高，因為需求架構每調整一次，可能涉及幾百個軟體工程師的工作量，可能引發極大的開發成本，這是軟體公司的一個策略性職位。對架構師概念化能力水準的判斷，實際上決定了開發效率和開發成本，應用架構師的概念能力水準在一定程度上意味著軟體開發的績效。由於該職位的重要性，這種概念化能力的水準，最好能達到千分之一、萬分之一。一般情況下，具有這種特徵的人人際能力不突出，甚至有很多短板。如果在實際選拔時，我們在關鍵能力上再加上人際、領導力、合作性等方面的能力評價項，那些概念化能力極其突出的人大機率就會被淘汰，最後通常選擇了一個較為「全面的平庸之才」。

在確定人才標準和人才決策時，要處理好關鍵能力和非關鍵能力的關係。我們極其不建議採用關鍵能力和非關鍵能力權重加分的傳統評價方法。我們推薦的決策邏輯是：關鍵能力是否強到了職位需要的程度？非關鍵能力是否差到了不可接受的地步？對非關鍵能力不是不要求，而考慮的方式是：差到何種程度不能接受？是低於人群中80%，還是90%？出現哪些行為是不可接受的？只要沒有達到最低閾值，就不需要考慮非關鍵能力，更不能合併計算能力評分。

中國一家建築企業應徵IT主管，連續應徵三任IT主管都很成功，問他們訣竅是什麼，他們說：「我們的訣竅是找985理工科院校數學成績排全系前三名的學生，不看物理、化學、英語成績。學生在數字這個科目上的成績無疑最能反映他們的概念化能力，因此，他們透過這種方法應徵到的學生的系統思維能力和概念化能力都極強。」問起這些人有什麼樣的缺點時，客戶告訴我：「這三個人的溝通能力都一般，不願意說話，不擅長交際，但能確保合作性沒有問題，溝通能力的差距不影響他們在這個職位上做出優異的績效。」、「用人所長」這句古語，在他們的用人策略中得到了極為深刻的展現。

要學會使用有缺點的人。無論採用怎樣複雜的人力資源技術，人的天性都傾向於選擇自己喜歡的人，或者沒有毛病的人，所以「千里馬常有而伯樂不常有」。在多人參與人才決策的情況下，這個情況愈加嚴重。企業須認識到，傾向使用沒毛病的人是一種用人思維上的失誤，是很難克服的用人習慣，必須有意識地與之鬥爭。

任正非在某次接受採訪的時候表示：我們公司從來不用完人，一看這個人總是追求完美，就知道他沒有希望。這個人有缺點，缺點很多，好好觀察一下，在哪方面能重用他。他不會管人，就派這個人去做政委就行了。

根據霍根公司提供的研究結果，一般人在壓力下都有2～3發展項是正常的。在某個方面優勢越突出的人，往往意味著在另外的方面可能存在較大的短板。

團隊領導評分高的人，往往是高抱負、對權力和競爭很熱衷，這樣的人自大的可能性遠高於其他人群，容易在企業內部有爭議；管控能力評分高的人，往往是高抱負、高審慎，在壓力情況下最容易苛求他人。

在某種程度上，某個方面的不足反而印證了他在某個方面的優勢，只有偏執者才能成功這句話是有道理的。那些性格特質上高審慎、高人際、追求完美的人，在策略思維和衝擊力方面往往存在較大的挑戰。學會辨識和使用有缺點的戰士，是每個管理者終生的修煉，千萬不要因為一個缺陷而錯過了一個優秀的人才。

美國南北戰爭時，林肯總統任命格蘭特為北方軍總司令。當時有人打小報告，說格蘭特嗜酒貪杯，不是幹大事的料。林肯卻說：「如果我知道他喜歡什麼酒，我倒應該再送他幾桶……」後來的事實證明，格蘭特的受命，正是南北戰爭的轉捩點。林肯用人的祕訣是什麼呢？原因簡單而複雜：林肯以「取得戰役勝利的能力」為標準在選人，而不求他沒有缺點。

馬歇爾將軍是20世紀美國的功勳將領，由於馬歇爾用人得當，培養了大批有史以來最能幹的軍官，艾森豪也是其中之一。經他提拔的將領，幾乎無人失敗，而且都是第一流的人才，掀開了美國軍事教育史最輝煌的一頁。他用人時常問自己：「這個人能做些什麼？」只要確定能做些什麼，這個人的缺點就成次要的了。比如，馬歇爾將軍曾一再替巴頓辯護，雖然巴頓將軍有點自負，缺少軍人應有的氣質，但不能否認他是一位優秀的將軍，其實馬歇爾本人並不喜歡巴頓那種少爺型的性格。

需要指出的是，這種用人所長的人才決策機制，依賴於企業的多元化文化，否則這樣的用人方法寸步難行。只有企業文化足夠多元化，企業才能夠容納很多優點突出、缺點也突出的人。

經驗要求

具有什麼樣的經驗才能履行這樣的角色？具有哪些經歷的人最可能有我們所需要的關鍵能力？

經驗是一個人成熟度的重要標誌，也是達成績效的條件之一。如CEO一般需要具備五個方面的經驗：從0至1、扭轉乾坤、人才管理經驗、投資接觸經驗、核心業務領域多職位經驗。如果沒有這樣的經驗要求，無法驗證CEO的核心素養在過去是否得到了考驗，也無法確定CEO的知識和技能足夠完整，可能產生極大的用人風險。在人才決策中，經驗不是根本性的，對於潛質好的人，可以降低對經驗的要求。但沒有經驗，意味著更高的人才決策風險。

決定人的成長最重要的是經歷。馬克·克茲勞斯等人在《強度與延展度：在工作發展的驅動因素》一文中，對領導力的關鍵經驗從強度和延展度兩個維度進行了定義。

強度是指一個人的一段經歷高出其之前職業生涯中的績效要求的程度。高強度的經歷可能帶來發展，是因為它會推動人們發揮更高的工作水準，迫使人們全身心投入並不斷學習，一個人必須自強不息才能渡過難關。強度可以從時間壓力大小、整體責任大小、工作的可見性、失敗風險高低、企業預期等維度進行定義。

延展度指的是一段經歷促使一個人脫離自己原有的經驗背景或準備的程度。主要從人際關係（需要接觸持不同視角和觀點的人）、專長或知識（為獲得成功需要發展一個不熟悉領域的專長知識）、適應性（需要處理比自己過去所面對的更多的模糊性）、背景（需要與不同的職能/部門/領域/文化打交道）、技能（需要花時間去做自己不知道怎麼去做的事情）等維度去考慮。

經驗類型有四種（如圖 12-3）：

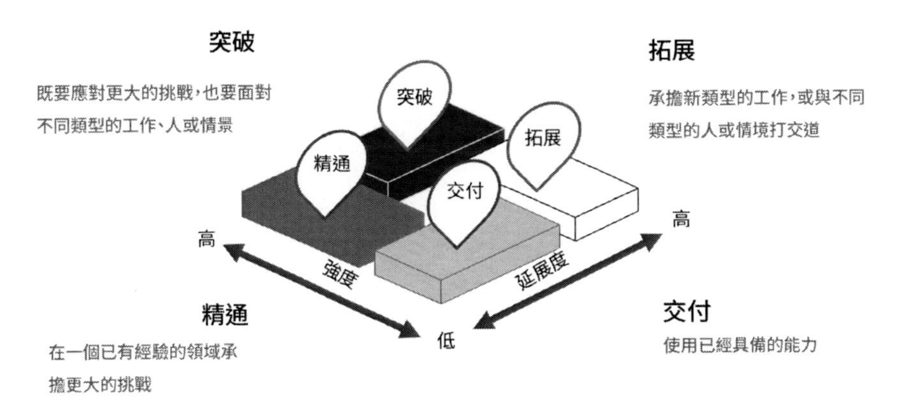

圖 12-3　經驗類型

一是交付 —— 使用已經具備的能力；

二是精通 —— 在一個已有經驗的領域承擔更大的挑戰；

三是拓展 —— 承擔新類型的工作，或與不同類型的人或情境打交道；

四是突破 —— 既要應對更大的挑戰，也要面對不同類型的工作、人或情境。

人的經驗可以從一般管理與業務經歷、挑戰與逆境經歷、冒險經歷、建立人際關係與職業生涯相關經歷四個維度建構經歷模型（如圖 12-4），這為我們提供了確定關鍵職位經驗地圖的框架。

關鍵經歷		服務類	重要性程度
一班管理與業務經歷	制定業務計劃		無
	項目管理與實施 業務開發與實施	無 無	無 無
	業務增長 產品開發	無 無	無 無
	新成立業務	無	無
	財務管理	無	無
	一線業務運營	一線業務核心職位運營經歷	★★★
	支持性職能經歷	無	
挑戰和逆境經歷	遺留問題和挑戰	無	
	挑戰性的人際關係(對抗)	處理員工之間、員工與上級之間衝突相關經歷	★★★
	衰退或失敗	無	無
	財務艱難 困難的人事問題(裁員)	無 員工離職、開除或處罰員工	★★★
冒險經歷	應對高風險	航班大面積不正常、生產旺季保障	★★★
	關鍵性談判	無	
	危機管理	應對旅客現場重大投訴處置	★★★
	負責高度關注的項目		
建立人際關係及職業生涯相關經歷	自我發展		
	培養他人	發展他人經歷	★★★
	國際化		
	業務活動		

圖 12-4　定義模型

關鍵經歷在人才決策中不是否決性的因素，而是重要的決策變數，經驗的缺乏可能導致績效失敗。關鍵能力強的人，理論上不需要完整的關鍵經歷也能成功。關鍵經歷可以向我們提示人才決策的風險，並給我們提供流動性管理、輪崗管理和發展設計的依據。

關鍵能力＋關鍵經驗模型也定義了一個職位達到最佳績效的最短時間。對於一個確定的職位，如果招的人素養匹配，在經歷模型相匹配的時間內，該員工績效就可能超越其他的老員工。老員工的績效水準，也不會隨著時間的延長有根本的變化。職位績效對關鍵能力的要求越高，經驗就顯得越發不重要。

一直以來，在人才管理領域有一個爭論：企業究竟是購買員工的關鍵能力，還是購買員工的關鍵經驗？答案是這樣的，應徵關鍵能力而非關鍵經驗。但在實踐中，大部分企業的應徵策略是「經驗優於能力」，那麼就可能出現一種情況：用較高的薪酬水準獲得了一些關鍵能力一般的人。原因很簡單：如果這個人真的是關鍵能力強、關鍵經驗好，那麼在原企業應該展現出高績效，為什麼會到我們企業來呢？除非有特別的狀況，如原企業遇到了經營困難，或遇到了不可理喻的領導，或者本部門提供了特別高的職位和待遇。如果不是以上情況，那麼大機率的情況是：這個人的關鍵能力一般，屬於有一定經驗的中等之資。

高潛人才辨識培養與人才梯隊建設

企業的競爭本質是人才的競爭，人才競爭的焦點是高潛人才。高潛人才的辨識和培養對於策略的成功和建構企業的未來競爭力尤其重要。高潛人才可以給企業績效帶來根本性的突破，其績效潛力是一般的員工不能企及的。高潛人才不僅能領導業務轉型，還能帶動企業轉型，推動企業邁上新的臺階。企業在高潛人才方面投資，幫助他們快速成長，意義重大，堪稱投資收益比最高的人才投資。如果要從根本上改變一個企業的狀況，沒有比辨識和發展高潛人才更有效的企業能力建設捷徑了。

我們要同時關注高潛力的領導者和高潛力的專業貢獻者。他們具有的共同特點是進取心、開放性、投入度和思維的敏銳性。高潛的個人貢獻者，往往才華過人，喜歡獨處，用心思考，迴避社會活動，他們雖然不適合領導企業（這也不是他們的目標和志向），但他們在自己特長的領域能夠閃爍光芒。高潛領導者不僅關注個人成就，而且關注團隊績效，他們有極高的情商，願意傾聽不同的意見，整合廣泛的資源，培養和發展他人，為企業取得商業成功。

潛力是人才決策的重要維度。關鍵能力和關鍵經驗關注的是與特定職位的匹配性，潛力則是從企業的長遠發展的角度所考慮的人才決策要素。

「羊群效應」在人才管理領域屢被驗證，一流的人才會吸引一流的人才，二流的人才只會吸引二流、甚至比二流更差的人才。企業只有擁有一支比競爭對手更有前景的高潛人才梯隊，比競爭對手的人才更年輕、更有活力，那麼在未來會大機率超越競爭對手。一些有業務野心的企業，如微軟等，其人才策略就是辨識、發展和使用「一流人才」，透過對一流人才的管理實現業務成功，並配套相應的薪酬、發展等措施。高潛人才是企業中少數可以決定企業未來命運的人，企業必須有意識地辨識和管理高潛人才，要主動地在各個年齡層辨識和培養一定比例的高潛人才。國外有關諮詢公司認為這個比例一般在2%～5%之間是比較合適的。

某生產製造型公司，做完霍根潛力測評和結構化面試後，發現所有的中層領導者均勝任力較好，但潛力普遍不高，這就意味著，很少有人能夠較快地晉升，在一個層面上的人才就會出現板結現象，那麼下屬就會感覺沒有前途，高潛力的下級可能離開，整個企業的氛圍、幹部的活力和工作熱情可想而知。這說明企業的用人決策過於保守，對高潛人才的辨識和判斷出現了重大失誤，如不及時解決，後果嚴重。企業高層意識到問題的嚴重性，反思了自己人才決策習慣是過於強調了關鍵經驗的作用，於是在高潛挖掘和培養人才方面加大投入，用了5年左右的時間，從高校和行業中尋找高潛人才並採取差異化的薪酬策略，每年辨識幾個高潛人才就加速培養到領導職位上，把中層幹部調整了40%，企業的人才板結現象才有一定的改觀，企業的文化也得以極大程度地改良。

那麼高潛人才的特點是什麼呢？談到高潛，一般與以下幾個關鍵詞有關係，即關注成功、思維敏銳、聚焦重點、應對未來不確定性的工作、快速學習能力。

新的競爭時代已經到來，企業必須反思自己的高潛人才發掘工作，找到企業的高潛梯隊，加速培養，才能迎接VUCA時代的高強度競爭。

高潛人才的培養必須貫徹以下原則。

一是保持動態甄選原則。選擇合適的人，輔之以發展。高潛辨識在高潛人才的培養中更具有基礎性的作用，在一般情況下，高潛涉及的能力項的發展難度都很高，如所有的高潛人才標準都提到思維敏銳，而思維敏銳基本上是不可發展的，一旦被判斷為思維不敏銳，被發展者就需要被清理出高潛名單，企業要對高潛人才保持動態管理。高潛人才培養的關鍵在選，苗子選錯了，再怎麼培養也不會成功。

二是培養方案因人而異。要制定針對性的個人發展計劃，綜合使用輪崗、培訓、導師等發展方式，並採取季度回饋的方式，追蹤進展，整體化的培養方案對於高潛人才的發展效果是有限的。

三是貫徹實踐培養的原則。高潛人才是在實踐中發展的。企業要為每個高潛人才定義目標職位，並辨識個性化的經驗地圖。高潛培養的核心邏輯是：把過去需要兩三倍職業生涯時間完成的歷練，在較短的時間內完成。高潛培養必須跨越企業的常規晉升路徑，要有一定的冒險性，每個經歷必須有足夠的強度和外展度，否則企業就會失去高潛人才。

除了建立高潛人才池外，企業還須針對策略性職位建立人才梯隊，這件事情的重要性僅次於高潛人才培養。企業應辨識關鍵職位，評估現在人才的匹配度和梯隊厚度，建立人才梯隊培養計劃。

某製造公司的產品總經理是策略性關鍵職位。某次人才盤點後發現該職位現崗人員將要退休，兩個備份人才經過結構化面試和性格測評，均為中等偏上之資，難以成為產品研發的領導型人物。該公司人才梯隊的厚度和品質存在明顯差距，那麼3～5年後，這個公司的產品競爭力就非常讓人擔憂。企業須辨識對策略有影響力並且績效可變數大的關鍵職位，對每一個策略性職位一般應保持3～5人的人才梯隊，利用輪崗和專案鍛鍊的方式，不僅對這些備份人選進行辨識和培養，而且透過2～3年IDP計劃（個人發展計劃），對人才做出精準評價，並根據評價結果實時對名單進行調整。

關鍵人才發展計劃設計過程如下：

第一，這個人的特質是什麼？

第二，這個人未來的目標職位是什麼？

第三，從目前職位至目標職位存在哪些關鍵能力的短板和有效經驗的缺失？

第四，哪些經歷能夠發展這些關鍵能力和關鍵經驗？

第五，這些經歷的強度和延展度是否能夠達到能力發展目標？

第六，還有其他發展手段能有效幫助目標達成嗎？

一般情況下，每3個月應對發展計劃做出評估，評估過程如下：

第一，該管理者的能力發展目標是什麼？

第二，他過去的一段時間主要經歷哪些典型事件？這些典型事件對要求發展的關鍵能力和有效經驗有什麼影響？

第三，有哪些證據證明他們關鍵能力和經驗得到了發展？

第四，這些關鍵能力和有效經驗發展到了什麼樣的階段（跡象——覺醒——發展中——達標）？

第五，他是否僅僅在使用長處？

第六，我們的目標在有效進行中，是否需要調整目標，或修正程式？

這種深度的人才干預和管理措施，確保了企業的長遠競爭力和策略目標的實現，幫助企業成為一個能力致勝的企業，其重要性無論如何評估都不過分。任何有進取心的企業，都須及早啟動這樣的程式。這樣的人才流程再早都不算早。

企業要發展高潛人才，培養人才梯隊，提高企業能力，必須關注人才的流動性。企業人才管理的核心是「通道」與「流動性」的管理。企業文化變革、人才梯隊厚度和品質改善，歸根結柢是透過流動性管理實現的。實現人才良好的流動性管理是企業健康經營的根本保障。大量的實踐證明，僅推動任務程式而不進行人員流動性干預的變革，往往會以失敗而告終。策略變革的執行和人才的流動性管理如孿生兄弟，如影隨形。

企業必須有足夠的流動性，從外界環境中吸引新鮮血液和力量，對現有企業造成擾動作用，增強企業的活性。如果企業與外界沒有流動性，企業發展的大機率是走向熵增過程，必然走向逆淘汰並失去鬥志，其後必然伴隨經營品質的下降。追蹤一些企業改革案例，特別是一些國營企業的股份制改革，改制的時候大家信心滿滿，過幾年再去看看，當年改制的熱情已經不在，境況沒有根本改變，根本原因是，策略變革和改制這樣的重大變革，必須要求企業實施跟隨策略，其中最重要的是人才梯隊的匹配，結果這些企業的人才流動性沒有變化，還是那些人在那些位置上，變革就很難成功。如果沒有合適的流動性，讓企業保持長期極高的營運水準並且保證企業的持續進步，基本上是不可能辦到的事情，因為企業和人的天性是在沒有干預的情況下走向懶散，沒有流動性會加快這一程式。

深諳企業管理之道的經營者深知：企業經營管理的核心是人的管理，人才管理的核心是創造高品質的流動性。好的人升上去，差的人淘汰下來，高潛的人加快晉升速度，與外界維持合適的人才交換比例，同時，透過輪崗創造內部流動性，既滿足企業要求又滿足個人職業生涯發展要求，確保企業占據本領域的人才優勢。流動性是一個宏觀的概念，包括應徵、內部的晉升、輪崗、淘汰、員工離職、員工調動等形式，人力資源的能力評價、績效評價、強制分布、繼任管理、任職資格、輪崗規劃等人力資源手段，本質上都是創造和管理流動性的技術工具。只有流動性，才能使企業熵減。根據7-2-1學習法則（一個人的學習和成長，70%靠工作實踐，20%靠與別人交流及別人的回饋，10%靠包含讀書上課之類的學習活動），能力增長主要是依靠實踐鍛鍊，只有確保科學的流動性，才能帶來個人能力和企業能力的根本增長。

第十三章　文化與非正式企業

然而正式企業與非正式企業在企業中的影響總是相互交織，難以區分。一方面，非正式企業會介入正式企業的執行，並使之發生偏離或加速其文化特徵。如企業中有人會透過人際關係利用正式企業的監督和標準化功能牟取便利和利益，即通常所說的「制度是死的，人是活的」。另一方面，一些非正式企業的行為，也可以不斷固化，並融入正式企業中，如私下的協調機制會更新成企業正式的協調機制。

決定非正式企業如何對正式企業產生影響的是企業文化。企業文化的可怕之處是完全滲透到企業的日常工作和生活中，不自覺地影響人們的習慣，它可以與正式企業的設計配合，促進策略的執行，也可以與正式企業相背而行，成為策略執行的障礙。

文化是企業內部的價值觀和行為規範，界定了什麼是最重要的事情以及如何做事。文化存在於企業成員的主觀看法中，形成了企業的基本人格，是一股不可忽視的隱藏力量，無時無刻不在影響企業的執行。每個在企業中的人都身不由己地被它影響，同時又參與到文化的形成、沉澱和變革過程中，併成為其中的一部分。

好的企業文化與策略目標和正式企業相一致，會加速正式企業的執行力。差的企業文化與策略目標和正式企業相偏離，會向正式企業意圖完全相反的方向調整人們的行為。杜拉克曾說：「文化可以把策略當早餐吃掉。」

認知企業文化的內涵及作用

埃德加·加因認為企業文化包括三個層級，分別是人工飾物（可以觀察的制度和流程、建築風格、標語等），價值觀念（企業的發展策略、目標和經營哲學），深層假設（意識不到的、深入人心的信念、知覺、思維和感覺等）。企業文化一般由創始者建立，並逐漸成為全體人員的預設假設並發揮作用。企業文化是由一系列的相互連繫的經營觀念組合而成的行為模式，最終決定了策略實現的方式。

企業文化具有深層性、廣泛性和穩定性的特徵，不會被管理者隨意操作和改變，被廣泛應用於群體工作和交往的各個方面，一旦形成，就會有巨大的慣性，任何變革都可能引發焦慮和抵制。

企業文化像空氣，無法觸控，但是我們可以從企業文化的行為層面對文化進行定義，這樣會提高文化建設的可見性，便於我們採取更有效的行動。

文化是關於策略和目標優先性的實際排序。比如，企業健康度與財務指標哪個更重要、規模比利潤哪個更重要、技術領先與客戶緊密哪個更重要、如何看待創新業務的投入產出比等。關於目標的實際看法是業務文化的重要組成部分，往往是業務創新的發展障礙。

比如，所有波音公司的人都認為確保安全是飛機製造中最重要的事情，但在波音MAX737飛機品質事件中，安全第一讓位於短期的經濟利益，對品質的堅持讓位於對權威的服從，這就說明波音公司的企業文化已經不能適應企業業務的要求，企業文化的根基已經變異。

文化是關於權利和利益的實際分配。觀察一個企業的文化，最有效的方法就是去收集過去一段時間，哪些人在企業內部晉升得最快，哪些人在企業的經濟利益分配中獲得利益，這彰顯了企業在鼓勵和讚賞哪些方面，同時也意味著企業不鼓勵和讚賞哪些方面，決定了企業所要求的人們的工作方式，就會成為人們實際上的行為規範。

比如一個公司的策略是創新引領發展，但是在分配預算的時候，銷售費用的預算是研發費用的10倍。這就說明這個企業實際的文化是以銷售為中心的企業文化，而非創新。

文化是關於「好」與「不好」的實際績效標準。究竟什麼是做好，什麼是沒有做好，看起來似乎很簡單，但實際情況往往並不像看起來那麼容易。

比如某公司兩個不同的區域，一個業績指標完成120%，另外一個完成了105%，是否意味著第一個一定是好的呢？其實是不一定的，但不論判斷如何，這個判斷都會成為其他人行為效仿的對象。如果第一個機構經營指標是竭澤而漁得到的結果，企業核心競爭力沒有改善，而第二個機構經營指標雖然低，但企業核心競爭力有了改善。在這種情況下，如果我們表彰第一個，短期主義就會在企業內部盛行。

企業文化的行為層面具有可見性，為我們促進企業文化變革提供了方向，使我們可以透過績效目標去調整人們對目標的實現看法，透過晉升去調整權利的實際回報，透過價值導向的分配去調整經濟利益的實際分配，透過表彰、激勵、懲罰和制度建設等手段去調整人們關於好和不好的標準，從而調整人們私下的行為規範。

文化一旦形成，就會擁有強大的慣性力量，它指導我們如何做事，以及如何在企業中獲得成功。一個企業一旦具有了強勢的文化，這既是一種優勢，也是一種缺陷。一方面，它會強化當下的企業的價值觀與文化，影響人們的行為並驅動業績朝期望的方向發展；另外一方面，會阻礙企業發生變革，使企業的機能失調。也就是說，企業一旦建立一種文化，就意味著企業擅長幹什麼，同時意味著不擅長幹什麼。

一家企業的文化正確與否，取決於依據企業所堅持的那些基本的經營理念所制定的發展策略能夠在多大程度上有效應對其所處發展環境的變化。一般來說，在企業的快速成長階段，企業的持續成功創造了一種價值理念，這種強而有力的文化是一種優勢，幫助企業實現快速的規模擴張和競爭優勢的塑造。但隨著企業的發展和外部環境的變化，企業的原有共享的理念可能成為一種障礙，這時候企業需要對文化的核心理念進行變革，以保障策略的執行和實施。因此，重大的策略變革，必須實現企業跟隨策略，而文化跟隨作為企業跟隨策略的一部分，文化變革的支持就顯得特別重要。

評估企業文化與策略契合性

如何評估企業文化與企業策略的契合性呢？

因為企業文化關注的是優先性，因此企業經常會遇到困惑，到底哪些因素應該列入企業文化的核心因素，哪些不列入企業文化的核心要素？我們建議按以下流程和步驟評估文化的適配性並重新辨識企業的企業文化。

第一步，確定企業的最終目標是什麼；

第二步，確定達成最終目標所需要的關鍵成功因素和措施；

第三步，辨識這些關鍵措施的文化要求；

第四步，評估現有文化的匹配度與支撐性，提出新的文化要求；

第五步，制定文化變革措施；

第六步，啟動和實施文化變革方案。

某職業教育網際網路創業公司，企業內部對文化與策略的匹配性有疑問，但又不能達成共識，他們目前的文化是：正直、投入、執行、創新。諸如這樣的爭論經常發生，A 說：「我認為正直不應該進入企業文化，因為這是基本的要求，不能對業務形成強而有力的支持。」B說：「正直是職業人的基本要求，必須展現在企業文化中。」

企業決心對文化展開一次討論，但基於以往的討論結果，又不確定這次能達成結果。但使用上述流程以後，沒有想到企業管理層在一個下午的時間達成了共識，並且在這個過程中沒有很大的爭論。

以下是依據以上流程的討論過程。

<table>
<tr><th>引導問題</th><th>企業共識</th><th>調整方案</th></tr>
<tr><td>企業的最終目標是什麼？</td><td>做專業和領先的職業教育領域的校企橋梁和紐帶；3 年內達成上市目標。</td><td>維持現狀</td></tr>
<tr><td>達成企業成功目標需要哪些關鍵成功要素和措施？</td><td>新人的融合和團隊的擴張
客戶的持續滿意和口碑傳播
市場的快速擴充套件和占領
新產品和一體化解決方案的成熟度</td><td></td></tr>
<tr><td rowspan="9">目前的企業文化對這些關鍵成功要素支持度如何？</td><td>新人的融合和團隊的擴張</td><td>基本無支持</td></tr>
<tr><td>客戶的持續滿意和口碑傳播</td><td>支持較弱</td></tr>
<tr><td>市場的快速擴充套件和占領</td><td>較強支持</td></tr>
<tr><td>新產品和一體化解決方案的成熟度</td><td>較強支持</td></tr>
<tr><td rowspan="5">現有文化需要進行哪些調整才能支持這些關鍵成功要素？</td><td>1．新人的融合和團隊的擴張；</td></tr>
<tr><td>2．客戶的持續滿意和口碑傳播；</td></tr>
<tr><td>3．市場的快速擴充套件和占領；</td></tr>
<tr><td>4．新產品和一體化解決方案的成熟度</td></tr>
<tr><td>企業樹立和倡導的新文化元素是什麼？</td></tr>
</table>

推動文化變革關鍵舉措

如何推行文化建設以適應企業策略變革的需要呢？一般而言，我們需要針對文化的行為層面的內容，在以下七個方面推進文化措施，這對文化變革是最有效的。

第一，調整企業的文化假定

對負責文化變革的領導者來說，關鍵的一點是他們必須讓自己從現有的文化中跳出來，以鑑別哪些文化元素值得保留，哪些文化元素需要改變。這可能需要調整企業的文化假設，這一過程對企業的創始人來說尤其艱難，因為他們早期領導企業取得成功的經驗，很可能讓他們相信自己的假設是完全正確的。

企業文化的行為層面來源於企業的文化假定，如果不調整文化假定，進行文化變革基本不可能成功。如依賴早期投資成功的企業家，很難真正下決心投資於企業的核心競爭力，早期的投資成功會嚴重影響他們的思維模式，並建立起很強的路徑依賴。他們習慣了透過不斷投資取得增長，對建構能力實現增長總顯得不那麼熱衷。這些企業的文化往往投機性很強，這實際上來源於創始人對增長的假定。如果創始人不改變這種假定，企業的文化變革很難真正發生。

第二，調整人員結構與品質，強化人才決策的文化敏感性

許多管理者認為影響企業文化的最有效的手段就是人的決策和高潛人才的甄別。「什麼樣的人應該得到晉升？什麼樣的人應該得到最快的晉升？」對於這兩個問題的回答，反映了企業文化的最本質的特徵。甚至有管理者講，看一個企業的文化，不要看他們牆壁上宣傳的標語，最好的方

法是看看企業中晉升最快的10個人，看他們有什麼共同的特點，這才是真實的企業文化。

企業須強化人才決策的文化敏感性，尤其要意識到高潛人才的甄別和培養對企業文化的巨大影響力。不管我們承認與否，用人決策實際上向企業成員宣示了企業的核心文化價值觀選擇，向內部表明什麼樣的行為在企業中會受到鼓勵，而什麼樣的行為不會受到鼓勵，企業中的成員就會按照企業的選擇採取對自己有利的行動。同時選擇的成員，也會影響身邊更多的人，強化這種文化特徵。

企業文化本質是由企業現有人的特質和晉升決定的，企業傾向於選擇喜歡與自己相似的人，這樣的人晉升上去以後又會強化這種文化特徵。從根本上講，企業要進行文化變革，不調整人的結構，是不可能成功的。調整人員結構是文化建設不可迴避的手段和措施，也最具有效性。企業在變革文化時應打破常規，破格提拔與現有文化不相似的人，否則文化變革目標基本會落空。

要想改變一家企業的核心文化理念，就必須擺脫那些原有文化理念的擁護者。原有企業文化的破壞和新文化的建設是一個殘忍和痛苦的過程。企業在必要的時候，必須從外部引導新的領導者，辨識和啟用變革型的領導。這些變革型領導應該值得信賴，指明企業發展的新方向、新價值理念和新發展願景，具有流程顧問的能力，承擔變革實施過程各個階段的診斷與干預。

第三，有意識地塑造標誌性的文化事件

在企業文化建設中，透過標誌性的事件來強化和樹立正確的文化，是文化建設的重要手段。高超的管理者通常具有較高的文化敏感性，總是善

於抓住和創造一切機會，透過創造影響性的事件，向企業內部傳達強烈的文化變革要求。

1985年，張瑞敏剛到海爾（時稱青島電冰箱總廠）。一天，一位朋友要買一臺冰箱，結果挑了很多臺都有毛病，最後勉強拉走一臺。朋友走後，張瑞敏派人把庫房裡的400多臺冰箱全部檢查了一遍，發現共有76臺存在各式各樣的缺陷。張瑞敏把們叫到工廠，問大家怎麼辦？多數人提出，也不影響使用，便宜點兒處理給算了。當時一臺冰箱的價格800多元，相當於兩年的收入。張瑞敏說：「我要是允許把這76臺冰箱賣了，就等於允許你們明天再生產760臺這樣的冰箱。」他宣布，這些冰箱要全部砸掉，誰幹的誰來砸，並掄起大錘親手砸了第一錘！很多砸冰箱時流下了眼淚。然後，張瑞敏告訴大家：有缺陷的產品就是廢品。三年以後，海爾人捧回了中國冰箱行業的第一塊國家品質金獎的獎盃。

海爾的砸冰箱事件是一次重要的品質文化事件，這次事件給全體員工樹立了強烈的品質意識。企業在文化推進過程中，要有意識地辨識這樣的關鍵時刻，有意識地創造這樣的關鍵事件。這樣的關鍵事件是促進文化變革的最有效的手段。舉個不太恰當的例子：你如果說自己不收禮物，即使天天講，員工也不會相信。如果有一天，你把他人送的禮物扔到樓下或走廊裡，所有的人就會確信不疑。

第四，調整獎勵與懲罰方式

企業要進行文化變革，必須用好獎罰這個手段，透過調整績效考核標準來傳導哪些目標對企業而言是具有優先性的。用好獎懲這個手段關鍵要注意以下三點：一是標準必須清晰，這是使用獎懲手段的前提和基礎；二是必須克服壓力對人際進行評價，採用強制分布等措施確保區別度，確保每個人工作有評價；三是必須兌現獎罰，哪怕遇到外界的壓力和各種干擾，哪怕帶來一時的損失，也要兌現獎懲諾言，因為一次失信或退縮會讓長期的努力付之東流。

第五，透過社群活動強化企業文化

領導需要創造靈活的文化氣氛，給予員工充分的空間和授權，激發員工的參與感。如果團隊領導只是簡單地告訴團隊為了達成目標應該如何做，他們只會領會你所說的一小部分；但是如果他們每次都能夠告訴你，為了達到關鍵目標他們將怎樣做，團隊就能獲得最好的執行力。

最有創造力和成效的工作來自員工之間的相互承諾，而不是老闆告訴下屬該做什麼。來自同事們的問責，往往比來自老闆的問責更能激發人們對工作的責任感。所以工作彙報這樣的機會，每個人不只是向團隊領導者彙報，也是在向其他人彙報 —— 我是否做到了向大家所承諾的事情。如果團隊成員能夠信守自己的承諾，那麼他的表現可以得「100分」；如果團隊成員不但自己信守承諾，還能幫助別人信守承諾的話，他的表現就是「120分」。

企業要透過網路、各種社群活動、內部會議創造這樣的氣氛。價值觀是社群文化的展現，更是社群的靈魂，擁有共同的價值觀是凝聚社群成員最根本的保障。一旦個體透過社群文化將自己歸屬到社群這個集體後，當他看到個體的行動成為集體行動效能的重要元素時，就會反過來強化個體的社群意識，從而更加強烈地依據群體規範行動。

任何資源都是會枯竭的，唯有文化才能生生不息。有意識地建立社群活動，把成員融入社群，可以實現文化和價值觀在企業中生生不息地即刻傳播，這對於建立正向的企業文化非常重要。

例行會議，如晨會、夕會、月度會、季度會和年度慶祝大會是非常重要的社群活動方式，透過這些會議可以激發企業的奮鬥文化，激發企業的自豪感和上進心。這些會議應該被認真設計，富有創意並固定下來，成為公司的重要社群活動，並成為企業文化的一部分。

第六，文化有形化

企業文化的有形化是企業文化建設的基礎。企業文化有形化的措施主要有三項核心內容。

明確內容：對企業文化的內涵做出澄清，辨識相應的正向行為和負向行為標準，明確企業文化的衝突情境以及企業期望的行為模式。其中明確衝突情境是重點，要讓員工充分明白價值觀不僅是正確的事情，更重要的是在衝突情境和利害關係下的優先選擇。

制定與實施物質化內容框架：包括著裝規範、標語、流程、制度、交流方式等方面。如某網際網路為推動平等交流文化，提倡穿休閒服裝，定期舉辦酒會，推行「無總」稱謂和花名等。

對流程和制定進行修正：對照文化和價值觀要求，針對企業的流程和制度進行評估，從流程的外部結果和內隱假設兩個方面進行，即這個流程導致的外部結果是否能滿足企業文化的要求？流程的假設是否反映了我們的核心價值觀和對企業人性的看法？比如，在華為，加班員工加班後加餐要經過審批，任正非聽說以後要求把審批流程廢掉，說要相信員工不會貪便宜。原來這個流程的基本假定是X理論，員工是貪婪的和不可相信的。

第七，慶祝成功

慶祝成功是文化建設的重要方法，成功時刻的儀式感會給予某種文化以強烈的暗示。慶祝成功對於企業追求長遠目標、對於讓員工保持精力充沛而不倦怠，是起著至關重要的作用的。好的成功慶典是一次成功的加油。

一次重大的文化變革，往往是從文化假定的反思開始，綜合運用了各種有效的文化建設和變革手段。

IBM是IT領域的知名國際大廠公司，曾經因為企業文化不適應而衰敗過，又透過文化變革而重生。IBM在1990年代的變革經歷是可以寫進教科書的經典案例。

當郭士納剛接手IBM的時候，IBM已經病入膏肓。由於提倡尊重員工的文化和不解僱政策，讓人忘記自己的立場，即使某個人做得很差，人們出於尊重仍然會說：「非常感謝，我們知道你已經盡力了。」服務顧客的理念早已被淡忘了，而變成了IBM以自我為中心的市場理念。IBM的銷售足不出戶，他們的工作不過是在公司給客戶打電話，詢問客戶的預算，並下訂單。當時流傳一句話，要使IBM的員工有所行動，就像在沼澤地跋涉一樣艱難。

郭士納談到，「當我來到IBM的時候，每隔4～5年，才有新的主機產品發布。於是，我可以理解1990年代初期在IBM流傳的這樣一句笑話：產品都不是在IBM被發布出來的，而是好不容易才從IBM逃離出來的。」郭士納在1993年接任IBM公司的CEO時，這個巨大的公司已成為一頭步履蹣跚的大象。

郭士納充分認識到了企業文化對企業發展的重要意義，認識充斥著官僚文化的IBM如不進行文化變革，很難重新走向成功。郭士納為IBM確立了適應轉型時期特點的核心價值觀：贏（win）、團隊（team）、執行（execute）這三個關鍵詞，簡單直接，易於理解，就像衝鋒的號令，迅速傳遍了全公司。

但要扭轉一種已經形成的文化，絕非易事。在領導IBM策略轉型、文化轉型的過程中，郭士納推動了以下重要的變革。

一是管理者帶頭，以客戶為導向。

在上任的第一個月內，郭士納要求50名直接向他彙報工作的高管，在未來的3個月內，每個人至少要拜訪公司5家最大的客戶中的一個。他們的直接下屬，大約有200名高階經理，也至少要拜訪一家重要客戶。不僅如此，每一次拜訪活動之後，高管們都要遞交一份1～2頁紙的報告給郭士納，提出IBM在這個客戶經營方面存在的問題，以及改進的計畫。透過這件事，郭士納與高管們一同感受客戶的溫度，快速地向內部傳達了客戶導向的新文化要求，同時也讓客戶感受到IBM的溫暖，改善了IBM的外部形象。

二是變革終身僱傭制度，啟用企業活性。

郭士納透過打破自IBM成立以來就執行的終身僱傭制度，實行優勝劣汰，促使IBM的企業用人制度發生了重大變化。人才流動成了企業的文化變革手段，同時吸納不斷創新進取的優秀人才。留住優秀的人才，快速提拔符合新的文化價值觀要求的年輕人，從而引起了企業內部的震動，大家意識到「混」已經不行了。

三是廢除固定著裝制度，倡導創新文化。

為了向內部傳達創新和變革的決心，郭士納廢除了一直以來的固定著裝制度，從形式上向保守企業文化發起挑戰，著力營造一種創新導向的企業文化的象徵。廢除固定著裝制度這樣的象徵性行為，清楚地向IBM員工展示了公司將要塑造的精神文化，即不拘一格、靈活適應、不斷創新。

四是實行有秩序授權與分權，提升業務自主性。

郭士納根據新的領導體制和地區子公司的改組情況，分層次有秩序地擴大授權範圍和推進帳級管理，如給一線的團隊以較大的自主權，使它能根據市場需要主動地發展風險事業，對新組建的事業部門採取分散化管理原則，讓他們在開發、生產和銷售等方面具有更大的經營自主權，甚至對亞太集團的策略核心「日本IBM」在企業上和經營上給予完全自主權。大量企業文化的實踐證明，內部流程的僵化，本身可以塑造不利的企業文化，並且影響文化變革，因此IBM透過授權，極大地提高下屬部門的責任心和靈活性，對企業文化的改善效果極其明顯。

五是改善支持系統，提高領導體制的適應性和能力。

在郭士納時代，「贏、團隊、執行」最終演變成IBM新的績效管理系統。郭士納要求對績效考核體系進行變革，所有IBM的管理者和員工每年都要圍繞這「贏、團隊、執行」制定他們的PBC（個人業績承諾），並承諾未來如何在這三個方面做出改善。IBM同時對銷售系統的流程和制度也進行了改革，全面推進以客戶為中心的銷售流程。

經過採取一系列的措施，到1996年，IBM在緊迫感和執行力方面有了大幅度提高。通訊網路承建商的總裁法蘭克發現，當他在下午6點給IBM打電話時，IBM公司的員工們居然還在工作，員工還鼓勵客戶在晚上和週末給他們打電話，總之在客戶任何方便的時間，他們準備隨時響應客戶的需求，這是多麼不可思議的變化。IBM公司最終成功地實現了從保守僵化、內部視角的官僚文化到一種創新導向的、靈活適應的新企業文化的轉變。

參考文獻

[01] (加) 亨利·明茨伯格·戰略歷程：穿越戰略管理曠野的指南 [M]·魏江，譯·北京：機械工業出版社，2012

[02] (美) 馬丁·里維斯，(挪) 納特·漢拿斯，(印) 詹美賈亞·辛哈·戰略的本質 [M]·王喆，韓陽，譯·北京：中信出版社，2016

[03] (瑞士) 亞歷山大·奧斯特瓦德·商業模式新生代 [M]·黃濤，郁婧，譯·北京：機械工業出版社，2016

[04] (美) 麥可·波特·競爭戰略 [M]·陳麗芳，譯·北京：中信出版社，2014

[05] (美) 麗塔·麥克格蘭斯·瞬時競爭力 [M]·姚虹，譯·四川：四川人民出版社，2018

[06] (美) 理查·魯梅爾特·好戰略壞戰略 [M]·蔣宗強，譯·北京：中信出版社，2012

[07] (美) 辛西婭·蒙哥馬利·重新定義戰略 [M]·蔣宗強，王立鵬，譯·北京：中信出版社，2016

[08] (日) 三谷宏治·經營戰略全史 [M]·徐航，譯·江蘇：江蘇文藝出版社，2016

[09] 曾鳴·智慧商業 [M]·北京：中信出版社，2018

[10] (加) 約瑟夫·蘭佩，亨利·明茨伯格，(美) 詹姆斯·布賴恩·奎因，(印) 蘇曼特拉·戈沙爾·戰略過程：概念、情境與案例 [M]·

耿帥，黎根紅等，譯．北京：機械工業出版社， 2017

[11] (加) 亨利．明茨伯格．卓有成效的企業 [M]．魏青江，譯．浙江：浙江教育出版社，2020

[12] (美) 沃爾特．基希勒三世．戰略簡史：引領企業競爭的思想進化論 [M]．慎思行，譯．北京：社會科學文獻出版社，2018

[13] (美) 道格拉斯．麥格雷戈，喬．卡徹．格爾聖菲爾德．企業的人性面 [M]．韓卉，譯．浙江：浙江人民出版社，2017

[14] 李蘻．未來商業模式 [M]．北京：東方出版社，2015

[15] (美) 弗雷德里克．赫茨伯格，伯納德．莫斯納．巴巴拉．斯奈德曼．赫茨伯格的雙因素理論 [M]．張湛，譯．北京：中國人民大學出版社，2016

[16] 華為大學．熵減：華為活力之源 [M]．北京：中信出版社， 2019

[17] (美) 納德爾．塔什曼，大衛．納德爾．競爭性企業設計 [M]．孫春柳，譯．北京：經濟科學出版社，2004

[18] (美) 麥可．古爾德，安德魯．坎貝爾．公司層面戰略 [M]．黃一義，譚曉青，冀書鵬，顏曉東，譯．北京：人民郵電出版社，2004

從策略到執行，構建並執行贏家企業的藍圖：

公司結構、績效指標、企業文化，VUCA 時代的進化趨勢

作　　者：逄增鋼，湯晶淇
編　　輯：劉馨嬿
發 行 人：黃振庭
出 版 者：財經錢線文化事業有限公司
發 行 者：財經錢線文化事業有限公司
E-mail：sonbookservice@gmail.com
粉 絲 頁：https://www.facebook.com/sonbookss/
網　　址：https://sonbook.net/
地　　址：台北市中正區重慶南路一段六十一號八樓 815 室
Rm. 815, 8F., No.61, Sec. 1, Chongqing S. Rd., Zhongzheng Dist., Taipei City 100, Taiwan
電　　話：(02)2370-3310
傳　　真：(02)2388-1990
印　　刷：京峯數位服務有限公司
律師顧問：廣華律師事務所　張珮琦律師

定　　價：299 元
發行日期：2024 年 03 月第一版
◎本書以 POD 印製
Design Assets from Freepik.com

國家圖書館出版品預行編目資料

從策略到執行，構建並執行贏家企業的藍圖：公司結構、績效指標、企業文化，VUCA 時代的進化趨勢 / 逄增鋼，湯晶淇 著 . -- 第一版 . -- 臺北市：財經錢線文化事業有限公司 , 2024.03
面；　公分
POD 版
ISBN 978-957-680-792-3(平裝)
1.CST: 企業經營 2.CST: 企業管理 3.CST: 策略規劃 4.CST: 策略管理
494.1　　113001811

電子書購買

臉書

爽讀 APP